なぜイタリアの村は美しく元気なのか

市民のスロー志向に応えた農村の選択

宗田好史

AGRITURISMO,

Slow Food, Città Slow e Paesaggio Rurale

学芸出版社

フィレンツェ（トスカーナ州）郊外の農村風景、
なだらかな丘陵にオリーブ畑が広がっている。
前ページはアッシジ（ウンブリア州）郊外のア
グリツーリズモ

なぜ、イタリアの村は美しく元気なのか

イタリアの農村は美しい。イタリア人は「ベルパエーゼ」（美《うま》し国）と呼んで、陽光溢れる海と山、隅々まで耕された農村の美しさと豊かな実りを讃える。数々の歴史都市の壮大な建築群だけでなく、世界文化遺産にも登録されたオルチャ渓谷の農村景観を始め、半島の北から南まで、各地に広がる美しい風土にこそイタリアの魅力があるという。その農村景観はまた、美酒・美食の郷として旅する人々を惹きつける。香り高くこく深いワイン、ふくよかなチーズ、熟成された生ハム、香ばしく調理された肉や魚、歯応えよい野菜に滋味深い果実の数々、加えて穀類・豆類の豊富さに、色も味もとりどりの菓子類が並ぶ。この美味しさがあるから、イタリアの農村の魅力は他の追随を許さない。

実際、美しい農村は今や重要な観光地でもある。この四半世紀の間に農村で休暇を過ごす習慣がイタリア国民ばかりか外国人観光客にまで広がり、農村観光、いわゆるアグリツーリズモと呼ばれる農家民宿、農家レストランが盛んになった。アグリツーリズモの魅力といえば昔は風景だった。それが今や美酒、美食に尽きるといっていい。美食といえば、イタリア発のスローフード運動は日本に、そして世界中に広がった。それ以前から世界に広がっていたイタリア・レストランは、もはや楽しかったイタリア旅行の思い出に浸る場ではない。次々と発信される新しい食文

化に、常に新鮮な驚きを覚える場にもなった。

アグリツーリズモの楽しさは、美しい農村でゆったりと過ごす時間にある。四季折々のイタリアの田園風景は眺め飽きることがない。実際、イタリア人はよく田舎に出かける。私もピサに留学中、シエナの西「ジュンカイオーネ」の別荘によく招いてくれた友人がいた。パーティも足を延ばして田舎の家で開いていた。暑さを避けて1週間滞在したこともある。ローマに移ってからも友人宅、休暇先に友人を訪ねる機会が多い。別荘だけに、海か山があり、観光地でなくとも古城や教会がある。そして、その土地の食材と料理がいつも用意されている。だから私も田舎（カンパーニャ）という言葉にはまず食欲をそそられる。土地ごとに個性的な田園風景の美しさを思えば、舌の先に懐かしいあの味が浮かんでくる。

そんな国に暮らすイタリア人は、バカンスはいうまでもなく、短い休日も田舎で過ごす。早めに引退した友人は、ビツェンツァの郊外に美しく壮大な住宅を建てた。たった2、3日の時間しかない私には、レンタカーで足を延ばすのはちょっと億劫になる。しかし、必ず手厚いもてなしを受ける。ワインと珍しい食材、郷土色豊かな料理で深夜まで過ごす。モスタルダで食べたボッリート（肉の煮物）は忘れられない。家族を伴えば喜びも増す。自然と歴史に触れ、長閑《のどか》な農村の味と香りに時間を忘れてしまう。

夏には庭にテーブルを持ちだし、昼は木陰で夜は星空の下で皆一緒の長い食事が始まる。春も秋も、イタリアは1年の内8カ月ほど戸外で食事ができる気候である。庭のオーブンで焼くのはピザだけでない。春と秋には採れたての野菜や肉・漁類を調理する。茸もいい。冬には皆が暖炉に集まる。農村の別荘に暖炉は不可欠、だから薪集めに遠来の客も駆り出される。今でもコムーネ（市町村）が森を持たない住民に薪を安く分けてくれる。庭の竈で燻製作りを眺めれば、温めたワインに薪の匂いがよく合って、芳醇な香りに包まれる。そして、暖炉の前で深夜まで人生を語り合う楽しみは、田舎暮らしの醍醐味であろう。

そして朝日は野鳥のさえずりとともに訪れる。夏の白い朝、そして冬の暗い朝、明けきらぬ田園をさまよえば、静けさの中に人はそれぞれに深い想いに浸る。エスプレッソの香りで目覚めた人も、賑やかな朝食に駆り立てられるように農村の1日を始める。長閑に農作業を眺めるのもよし、今夜の食材を吟味するもよし、どこにも出掛けず、日光の下で輝くワイングラスを傾けてもいい。若ければ、広大な麦畑や海沿いの果樹園をドライブ、古代の遺跡や中世の砦で足を止める。知り合いの農家があれば新鮮な山羊のリコッタを求め、漁村では採れたてのウニを味わう。熟年世代のバカンスなのだから、もう人混みに出たくない。今夜も明日も田舎で過ごす。贅沢な別荘がなくとも、今では安くて快適な馴染みのアグリツーリズモで、贅沢な大人の休日を過ごすことができる。私たち日本人も泊まれる。そして、イタリアの村の美しさを堪能することができる。

イタリアの村の魅力は、アグリツーリズモによって観光客にも開かれた。アグリツーリズモは元気な農村の若い農家が経営し、食の魅力はスローフードに参加した農家が支えた。そんな新しい農業が元気な農村を支えている。もちろん観光の国イタリアだから、アグリツーリズモは成長した。さらに世界文化遺産にも登録される風景の数々は、イタリアの景観法制度の成果でもある。

こう考えると、イタリアの美しい村は、第2次世界大戦後の70年弱の歴史の果てに、最近ようやく完成したものである。もちろん村の歴史は古い。しかし、この豊かさと快適さは決して古くはない。アグリツーリズモが始まったのは40年前、増えたのはこの20年ほどだ。地元の食材が豊かになったのもこの20年、そして地方の町や村が元気になったのはここ15年ほどの話である。村々の美しさが守られたのは、80年代に制度化された景観計画が普及してからだし、イタリアらしい元気な農業は欧州連合の農業政策の成果だと言われる。これも60年代から始まった。これらの取組みが総合されたところに、現在の美しい村とアグリツーリズモの成功がある。

農業と食、美しい国土と文化遺産、そして観光の国イタリアが、イタリアらしさをもっとも発揮するのが農村だと語るイタリア人が増えてきた。そのイタリアの農村を紹介する番組は、今やイタリア国内より日本のテレビ番組に多い。それも歴史都市の芸術文化と並んで、農村風景や食文化が頻繁に登場する。ただ、美しいハイビジョン映像でも味や香りは伝わらない。だからデパ地下にはイタリアの美食が溢れている。実際にアグリツーリズモに出掛ける日本人も増えた。イタリアの田舎の魅力は、今では多くの日本人も知っている。

そこで、この本ではイタリアの美しく元気な村づくりの切掛けとなった出来事を一つずつ語っていく。その一つ一つが、美しく元気な村の秘密を解き明かす物語になる。一見、バラバラに起こったように見える出来事は、戦後70年間のイタリアの村づくりを支えた政策を生んできた。

これらの出来事には、私個人が出会ったか、親しい知人からよく聞かされたことから取上げたものもある。また、個別にはそれぞれその要点が日本でも紹介されたものもある。それらを改めて並べてみると、イタリアの村づくりにおける革新の歴史が見えてくる。数多い成功例は、ただ幸運が重なったからではない。大きな転換を経て農業と農村が改革されて、美しく元気な村づくりが進んできたからである。成功の裏に隠された物語を綴ることで、幅広く奥深い村づくりの秘密を解き明かしたい。

一方、日本の農村と農業は今、大きな転換点にある。そんな日本からみると、イタリアの村の物語は遠い彼方のお伽噺と思われるかもしれない。しかし、そこに日本の美しい村の未来が見えるように、私には思える。そうなって欲しい。静岡県西端の三ケ日町（現・浜松市北区）で育ち、今も蜜柑をつくりに通う私は、現在の日本の農村問題の難しさも少しは理解している。同時に秘められた可能性にも気づいている。多くの日本人が憧れる美し国イタリアの魅力を、日本でもぜひ実現したいと願う。イタリアの村づくりを物語ることで、その根底にある大きな流れから日本の村づくりの未来を描きたいと思う。

目次

チロル地方
オーストリア
スイス
ハンガリー
フランス
トレンティーノ・アルト・アーディジェ州
フリウリ・ヴェネツィア・ジュリア州
スロベニア
ヴァレ・ダオスタ州
ロンバルディア州
ヴェネト州
クロアチア
ミラノ
ブレシア
ヴェローナ
ヴェネツィア
ピエモンテ州
トリノ
エミリア・ロマーニャ州
クーネオ県ブラ
ジェノヴァ
ボローニャ
ボスニア・ヘルツェゴビナ
リグーリア州
フィレンツェ
アンコーナ
トスカーナ州
マルケ州
ウンブリア州
ペルージャ
アッシジ
オルヴィエート
オルチャ渓谷
ペスカーラ
フランス領コルシカ島
アドリア海
アブルッツォ州
ローマ
ラツィオ州
モリーゼ州
プーリア州
カンパーニャ州
ナポリ
バーリ
ブリンディシ
ポジターノ
ソレント半島
バジリカータ州
サルデーニャ州
カリャリ
ティレニア海
イオニア海
カラーブリア州
メッシーナ
パレルモ
レッジョ・ディ・カラーブリア
シチーリア州
アルジェリア
チュニジア
N
0
200km

第 1 部

成功のきっかけとなった四つの動き

AGRI
TURISMO
.COM

HP： http://www. agriturist. it
イタリア最古のアグリツーリズモ組織「アグリツーリスト」(第1章16ページ以降参照)のホームページ。ウェブ上でのガイドの開設についても、アグリツーリストがもっとも早かった。しかし、ガイドとしては、今では後発の別組織や、専用予約サイトの方が勝っているように見える。とはいえ、アグリツーリズモの理念や歴史、開設にあたってのマニュアルなどの面では、優れた内容を誇っている。

【前ページ】
HP： http://www. agriturismo. com
「アグリツーリズモ．コム」は14年前に開設されたアグリツーリズモ専用予約サイト。「アグリツーリズモ：心の中に生れる、あるライフスタイル（agriturismo: uno stile di vita che nasce nel cuore)」という理念を唱え、有機農園紹介のサイトも併設。他の旅行サイト同様、利用者による宿の採点とコメントを掲載。また経営者からのコメントも紹介し、利用者の選択の幅を広げている。

第1章

農村観光の普及をめざした
アグリツーリスト協会の誕生

写真 1·0　トスカーナ州オルチャ渓谷のアグリツーリズモ

広大な丘陵の農地、その中の農家で土地のワインを飲み地元の食材を食べる。そして静けさの中で眠る。四季を通じて混雑する観光都市を離れ、地中海やアルプスのリゾートも避け、しかしそのどちらにも負けない美しさを求めて農村に出かける。それをイタリアでは、アグリツーリズモと呼ぶ。

お洒落なワイナリーで車を停め、土地の味を探して密やかに佇むレストランを回る。ヨーロッパ各地に多い普通の農家民宿とは違う魅力が美酒美食、そして絵のような農家の外観とお洒落な部屋も楽しい。さらに、周辺の村々の佇まい、丘の上の小さな町がイタリアの魅力でもある。丘陵を見渡すプールサイドで過ごす昼下がり、車で夕焼けの糸杉の丘を走り、近くの歴史都市を訪ねる。晩餐は、他の客とともに家族で賑やかに料理を待つ。料理好きは食材と珍しい調理法を語り、ワイン通は飲み比べを楽しむ。

こんな田園旅行が今ではすっかり定着した。20年ほど前には廃屋が多かった農村に小奇麗な農家が増え、家々は草花で美しく飾られている。世界のどこことも違う。ヨーロッパの田園観光の華、イタリアの風土の魅力を惹きたてるアグリツーリズモの物語を始めよう。

最初の出来事は、65年2月10日、ローマ市の中心、カンピドーリオの丘、セナート（元老院）宮殿、ローマ市庁舎の一室で起こった。「アグリツーリスト協会」の誕生である。トスカーナ州の元サン・クレメンテ侯爵シモーネ・ヴェッツルーティ・ザーティが「イタリア農業連盟」のわずか

13名の若手職員と共に小さな協会を設立した。[*1] 2年前から準備会合を重ね、農業（アグリ）と観光（ツーリズモ）の統合を目指した。65年当時は夢だったという。シモーネが農場をもつトスカーナの農村は貧しく、小作農が流出した後の空家は傷み、生産したワインも市場で買い叩かれていた。近くのフィレンツェには世界中からの観光客が溢れていたが、村に続く道の大部分は未舗装、奇跡の経済成長で都市は栄えたが、農村の過疎化は進み、地域経済は衰退していた。

当時彼らが唱えた「アグリツーリズモ」という言葉は、まず73年に、北イタリアのチロル地方、トレント自治県の条例に登場した。スイスやチロルによく見られる大柄な木造民家を民宿にする農家が多いために、その自治権を活用して宿泊施設、飲食施設に求められる防火・衛生基準を緩和し、農家民宿経営を支援する狙いだった。

しかし、隣のオーストリアのチロル地方の真似でしかない。フランスやドイツでも進む農村観光との比較で、イタリアの特色を確立するためには、アグリツーリズモを中部トスカーナや南部プーリア州、シチリア島やサルデーニャ島に広げる必要があった。トレント県条例に12年遅れ、85年に法律第730号、通称「アグリツーリズモ法」[*2]が成立した。世界で初めて、アグリツーリズモ、つまり農村観光を定めた法律だった。

1　急増するアグリツーリズモ

この法律によれば、アグリツーリズモとは、観光客を受け入れる農家、あるいは農業法人で、宿泊施設、レストラン、農業体験・文化活動などを営業する。大部分は宿泊施設だから、アグリツーリズモも民宿の一種である。

90年代初めまでのアグリツーリズモは、ドイツやオーストリアと同様、自炊の長期滞在が中心で、自炊宿泊は通常でも1週間以上、夏のハイシーズンには2週間以上の滞在客に限っていた。その後、朝食付のタイプでは2、3泊の短期滞在を受入れ始め、さらに食事が自慢の宿では値段も高く、1泊から受付ける。それで外国人も泊まりやすくなった。客の平均滞在日数は短くなったが、経営側は部屋を貸す以上に、料理やワイン、オリーブオイルなど農産品の販売に熱心になった。周辺の文化遺産や景勝地を紹介する以上に、オーガニック好きの客にチーズなど食材の加工を見せるなど、農業関連サービスが豊富になった。

今やイタリア全土に1万9千700のアグリツーリズモがある。ベッド数は19万7千床、年間271万5千人が利用し、延べ宿泊人数は1千235万人泊、短くなったとはいうものの、一人平均4.5泊と滞在日数も長い。外国人も26％にまで増えた。[*3] 日本の旅行社も紹介し、特にトスカーナは料理とワインで人気の的である。不便な田舎にあるから車で回るのが一般的だが、外国人のために空港への送迎サービスもある。

農家民宿は、オーストリア、スイス、ドイツ、フランスにも多い。英国はB&B（ベッド・アンド・ブレックファスト）が多い。イタリアのアグリツーリズモの特色は食事、だから今や食事付アグリツーリズモが大多数である。90年代から増え始め、21世紀になってからも倍増した。

アグリツーリズモ以外のイタリアの一般のホテル数は3万4千軒、ベッド数223万、部屋数209万だから、施設数で比較すると57％、ベッド数で8.9％の規模になる。稼働率はホテルよりかなり低いため、宿泊総数ではホテルの5％に過ぎないが、年間110億ユーロの経済規模になるという。

一方、人口がイタリアの倍以上の日本では、全国のホテル・旅館総数は6万軒、160万室ある。これと比べても相当な規模であることが分かる。一方、日本の農家民宿総数は10年に2千軒と言われ、イタリアのアグリツーリズモの1割程度と、まだ極めて少ない。

アグリツーリズモ数がもっとも多いのは中部のトスカーナ州で4千61事業所、全国の2割以上を占める。続いて北部のチロル地方トレンティーノ・アルト・アディジェ州3千229、この二つの州が群を抜いて多い（図1・1）。トレンティーノ・アルト・アディジェ州では、全農家の9.7％がアグリツーリズモを経営し、中でもボルザーノ自治県では19％の農家に及ぶ。トスカーナ州でも全農家の5.8％が経営する（図1・2）。隣のウンブリア州でも3.1％になった。これらの州では州全

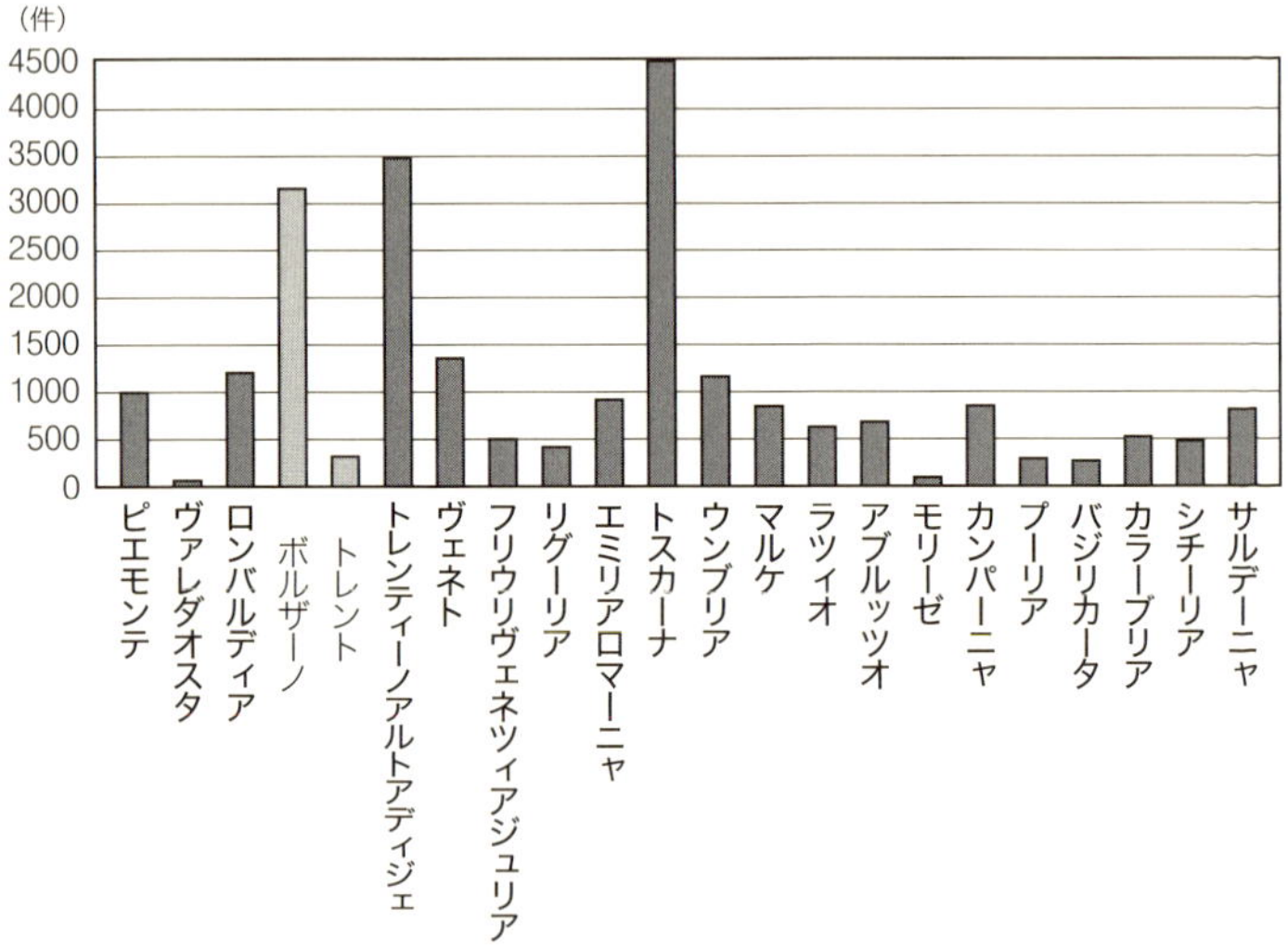

図 1･1　州別・アグリツーリズモ施設数、2008 年（資料：ISTAT、イタリア政府統計局）

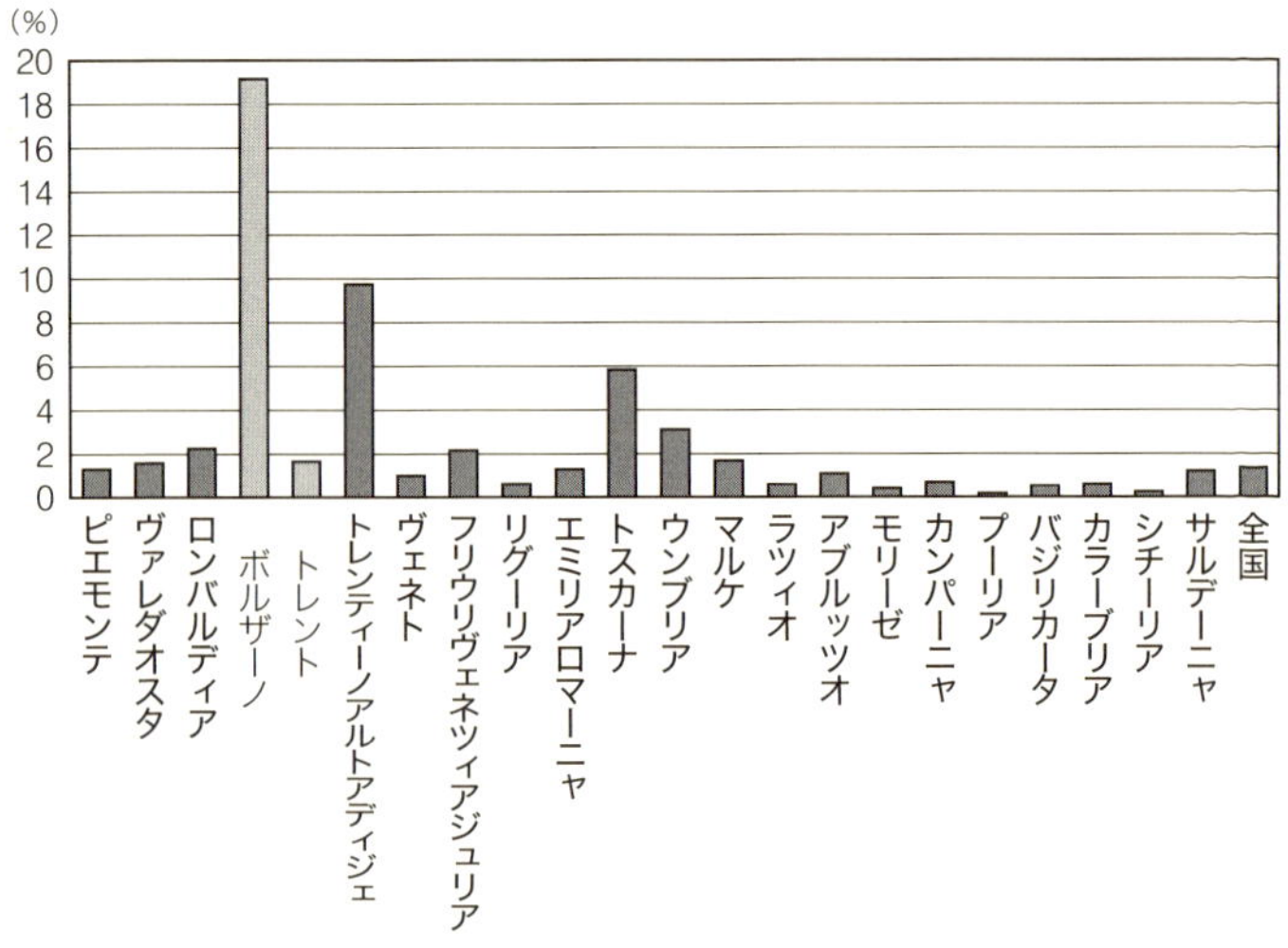

図 1･2　州別・農家数に占めるアグリツーリズモの割合、2008 年（資料：ISTAT、イタリア政府統計局）

体の観光客の8～20%がアグリツーリズモに泊まっている。

とはいうものの、アグリツーリズモ農家は全国の農家・農業法人総数のまだ1.3%でしかない。しかし、上記の北東部、中部の州ほどではないが、都市部から遠い南部や島のシチリア、サルデーニャ両州でもこの10年で着実に増加した（図1・3）。その収入が農業所得を上回る農家も増えた。そのため農家の家計と農場の経営はすっかり変わった。

農家数が減少したとはいえ、イタリアの中でも農業が盛んなトスカーナの丘陵地帯には、17軒に1軒程度の割合でアグリツーリズモがある。だから、農村の様子も目に見えて変わった。チロル地方では農業の方がむしろ副業に見える。

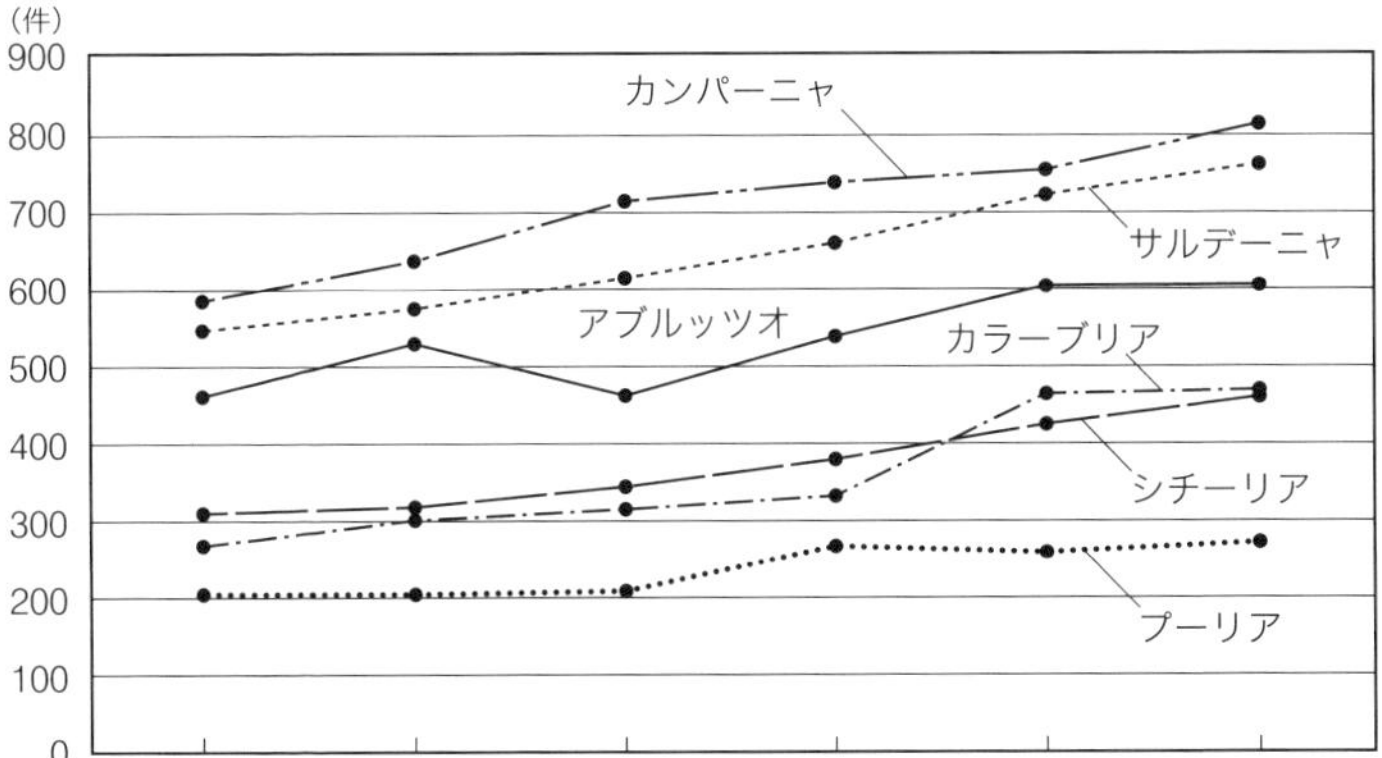

図1･3　南部諸州のアグリツーリズモ事業所数の推移（資料：ISTAT、イタリア政府統計局）

2　冷たい視線の中での誕生

アグリツーリスト協会を始めたシモーネの旧侯爵家は、フィレンツェとアレッツオに広大な農地と城、別荘、家屋を代々所有し、主にキャンティ・ワインを生産していた。シモーネ侯爵は一見、貴族らしく知的で上品な紳士である。しかし、話し始めると山猫のような鋭い眼をした野心家にも見える。王政が廃止され、特権は失われても、貴族の誇りと地域の文化への責任を果たした自らの人生を熱く語る。

アグリツーリズモは初め、没落した侯爵家の若旦那の夢物語、あるいは田舎騎士の見果てぬ夢だと思われたという。イタリアの60年代は、戦後復興から奇跡の経済成長の時代である。工業化・都市化が進み、農業部門にとっては不利に見えたEEC（欧州経済共同体）の市場統合を受入れざるをえなかった。しかし、60年代は社会の大改革の時期でもあった。69年の「暑い秋」と呼ばれる学生・労働者の抗議行動で頂点を迎えた社会闘争の時代だった。環境問題が市民の話題になり、自然環境と歴史的環境保護を唱える国民協会「イタリア・ノストラ」はすでに56年から活動を始めていた。

シモーネと農業連盟の若手職員は、63年から2年間フィレンツェで準備会を重ね、アグリツーリスト協会の活動の理念を練った。観光を意味するツーリズモの前に付けるのが、「アグリ（農業）」が「アグロ（農地）」かだけでも十分に議論したという。そうして農業と観光を結び付けることで、新しい世界を拓くという理念を練った。母体となったイタリア農業連盟は、イタリア最古の農業団体、新しい協会の目的はアグリツーリズモの振興と保全、文化的景観、地方文化の保存、地域の食品の保全とした。

イタリア農業史の大転換点となったアグリツーリズモに、彼が後半生を賭けることになるとは、当時のメンバーの誰一人として思わなかったという。他は農業連盟の専従職員だったから、シモーネが会長になった。自分の農園本来の仕事を忘れ、来そうもない観光客のため長年打ち捨てられた廃屋に改装費用を出すとは、許しがたい暴挙だと村人に非難されたという。シモーネはのん気な若旦那、彼に協力する職員も相当なお人好しだと言われたと語る。こうして、アグリツーリストは若い田舎貴族の「孤独な革命」として始まった。

当時、誰も信じなかったこの革命は約半世紀を経て、彼らが夢見た以上に、イタリアの農家の所得を改善し、農村の文化、社会的役割を大きく向上させた。食文化の発展にも大いに貢献をした。その成長は想像していた規模を超えた。ただ、当初の理念通りに進んだかについては、今となっては議論が分れるとも言う。

シモーネ会長の戦略は、アグリツーリズモへの理解を深めるために、農業だけでなく、農村の過疎・高齢化、環境保全、景観保護、地域の食文化、民俗文化の継承など多岐に渡る課題に積極的に発言し、多様な組織と交流し、他分野の仲間を増やすことにあった。これらの課題を突き詰めれば、アグリツーリストが提唱する農村観光に帰結するという。

農林省の官僚と協議しながら進めたアグリツーリストの初期の活動では、68年フィレンツェで開催された「都市と農村」会議が分岐点だった。この会議でのシモーネ会長の論文を見ると、農業と環境保護、歴史的農村景観への関心、農家の経営基盤の問題など、45年を経た今でも新鮮さを失わない議論が目立つ。[*4]

アグリツーリストは、当時まだ珍しかった環境保護団体「イタリア・ノストラ」と密接な協力関係があった。イタリア・ノストラがEC（ヨーロッパ委員会）各国の環境保護団体と連携する中でヨーロッパ・ノストラが生まれ、シモーネもその活動に加わった。やがて、ブリュッセルに本部を置く「ヨーロッパ環境会議」の創設にも参加した。ECへのロビー活動を続け、田園観光の振興、特にCAP（共通農業政策）[*5]による条件不利地域振興資金を得るための道も開いた。イタリア国内でほとんど認知されなかった70年代、シモーネとその協会は文化的・政策的なプロモーションを続けていた。

さらに、79年にはローマの中心、バルベリーニ宮殿（美術館）を会場に3日間のアグリツーリズモ国際セミナーを開催した。シモーネ会長とジョルジョ・メディチ事務局長は、それ以前にたびたび開かれたフランスの「田園空間観光協会」[*6]、ヨーロッパ環境会議、ヨーロッパ・ノストラの活動で知り合った仲間やEC各国の友人を招いた。また、当時のイタリア農林大臣ジョヴァンニ・マルコラもいた。彼はその後ブリュッセルのEC委員会の場で、農業の専門家とともに、アグリツーリズモの原則を定めたEC条約を制定した。

政治的な側面だけでなく、環境や景観に関する活動団体との交流で研究活動が進んだ。特に、観光と環境の問題の研究が多い。シモーネ自身は、常にトスカーナの農場主としての立場を守り、農業経営者から見た環境・景観保護を主張していた。実際、イタリア・ノストラやヨーロッパ環境会議の70年代の機関誌にもシモーネの論説が残っている。農薬の過度な使用による土壌と地下水の汚染、高速道路建設やリゾートホテルによる景観破壊などを告発していた。また、有機農業のグループと交流し、環境保全型農業に関するイタリア国内の世論形成に努め、ECの環境基準の強化も唱えた。だから、アグリツーリストは87年、イタリア環境省から環境保護団体としての認定も受けている。

CAPによる地域政策にはヨーロッパ環境会議の立場から提言を続けた。そこから、EC各国で進む農村観光を支援する枠組みが整った。現在はEU（欧州連合）に統合され、発展継続された「田園開発計画」による振興資金はこの当時に定められた。さらに、70年代後半から80年代前半の景観保護運動を支え、85年イタリアの景観法にあたるガラッソ法制定や、00年欧州景観条約に発展する景観保護の流れの中心的存在だった。これらの詳細は、第2章以下に述べる。

さて、前述したように、アグリツーリズモという言葉は73年イタリア北部辺境のチロル地方、トレンティーノ・アルト・アディジェ自治州トレント自治県の条例[*7]に登場したのが最初である。シモーネの活動が農村の環境や文化の保全が中心だったのに比べ、トレント県は観光振興が中心だった。チロルの風景は当時も今も、観光客に絶大な人気がある。

すぐ隣のオーストリアではすでに60年代、スキー客向けペンションを経営する農家が急増した。隣国では農家ペンションが普及したのにイタリアにはない。田舎の農家や農場経営者にはイタリア国内の観光事業者と同じ衛生基準は厳し過ぎたからである。豊かな自然に恵まれた村に観光客が来ても宿泊・飲食業は農家には営めなかった。

しかし、村の活性化のためにはスキー客に来てほしい。でも遠くの町の観光業者を呼ぶのでなく、村人が経営する施設がいい。一方、村人が経営する小さなホテル・飲食店では従業員の社会保障が不十分になる。農家とその家族、小作人や農場の従業員には手厚い社会保障が整っていたのに、農村の零細サービス業従事員、特に冬季に限られたパート従業員の地位は中途半端で社会保障が整っていない。これがアグリツーリズモ制度を創設した目的だった。この点は、その後85年になって国が制定した「アグリツーリズモ法」でも重視されることになった。

73年のトレント自治県の条例は、アグリツーリストにとっても大きな前進だった。ただチロル地方の民宿とその他のイタリアの農村は違う。日本に言い換えれば、北アルプス安曇野の美しさは全国の農村にはない独自のもの。そこで、協会は70年代後半から熱心にフランスやイギリスの農村観光を調査し、その仕組みをイタリアにあうようにアレンジする取組みを始めた。多様な農村、多様な農業の魅力を訴えるイタリアン・アグリツーリズモの可能性を探ったのである。

75年にアグリツーリストは農林省の補助を受け、『田舎のおもてなしガイド』(Guida dell'Ospitalità Rurale) を出版した。全国の泊まれる農家案内である。現在では1千700以上のアグリツーリズモ事業所を紹介するガイドも、当時は80事業所を紹介しただけだった。掲載される宿泊施設の多くは現在と違い、設備が不十分なものが多かった。アグリツーリストは、熱心に一つ一つの宿に改善を働きかけていった。

ガイドブックはデザインが工夫され使いやすい。毎年改訂され、そのたびに泊まれる農家の数は増加し、年間15万部を売るまでに成長した。ガイドブックがアグリツーリズモの普及に果たした役割は大きい。当時は全国の宿が一冊にまとまったガイドブックは、アグリツーリズモ以外にはなかったという。今も書店で手に入る数多いアグリツーリズモ・ガイドの最長老である。また、支部ごとに紹介する分冊も出版されている。96年からはアグリツーリストのWebサイトで公開され、今ではこちらの方がよく利用される。

こうして、アグリツーリストは、法制度、組織経営、プロモーション面から全国の事業者を支援する仕組みを整え、地方支部の数を増やし（17州支部、64県に出張所）、会員企業数を約4千500に増やした。

アグリツーリストが現在力を入れているのは「アグリツーリスト品質」[*8]のマークを付けた農産物の品質保証のシステムである（図1・4）。これは、イタリア信用保証協会の正式な認証を受けたシステムで、06年改正アグリツーリズモ法が定め、アグリツーリズモ民宿が提供しなければならないその土地の農産物の品質保証として採用された。アグリツーリストの力で、全国の優れた産品が常に紹介され、スローフード運動と共にその土地固有で本物の食文化への関心を広げた（図1・5）。

33年間会長を務めたシモーネは98年に引退した。彼のトスカーナの農場は現在、英国人ミュージシャン、スティング[*9]に売却され、今もアグリツーリズモの経営は続いている。成功したアグリツーリズモは企業同様、高値で売買され、経営者が変わることは珍しくない。とはいえ、シモーネの侯爵家が去ったことを寂しがる人もいる。

一方、会長職は98年からリッカルド・リッチ・クルバストロに代

図1·4　アグリツーリスト協会推薦の品質のマーク

図1·5　産地保証品質表示のマーク（左：原産地、右：適性産地）

わった。ロンバルディア州ブレシア県フランチャコルタでワイナリーを営む彼は、アグリツーリズモを経営していないが、品質保証に熱心で、今の制度は彼の貢献による。07年にはカンパーニャ州ナポリ湾南岸のソレント半島でオリーブ畑と果樹園を経営する女性、ヴィットリア・ブランカッチョが第三代会長に就いた。[*10] ブランカッチョ女史は、アグリツーリズモの国際化に熱心である。

85年に法律第730号法、通称アグリツーリズモ法が成立した。イタリアでは、すでに州政府への分権が進んでいたため、国の法律は枠組みを定め、全国の州が州法でアグリツーリズモ事業と事業所の基準を設けた。この法律で定めたアグリツーリズモ事業とは、法人、個人（農家）、個人のグループの3形態の農業事業者が行う集客、接客事業とされる。また、自ら所有し、耕作・造林・家畜飼育をする農地で行い、その農業活動の一環として、その農園（農場）で行われる接客事業である。つまり、農場の敷地内に客室、またはオート・キャンプ用駐車場を備えなければならない。これを厳密に定義するのは、アグリツーリズモ事業では農業経営者とその家族、さらに定期、不定期、パートタイム従業員も、農業労働者として、年金・保険制度、労働補償の適応を受けるためである。

その後、21年を経た06年に第96号法として改正され、開業に当っての手続きを簡便化した。州政府に登録しなくとも、コムーネ（市町村）への届け出だけで済むようにした。また、10人以下の客数であれば自宅の調理場で調理でき、一般の住宅基準を満たせば宿泊も認める。一方、食事の提供に関する規定はむしろ厳しくなった[*11]。

96号法ではアグリツーリズモの条件として、その農園か周辺地域の農園で収穫された農産物、または製造された食材、飲料（酒類を含む）を提供し、同時に全国的に知られた品質保証付きの産品・製品を供することが求められる。また、農園で生産された農産物、または調合された酒類などを宿泊客に試食・試飲させることが必要である。イタリアのアグリツーリズモ法は特に食、つまり食材の現地調達とその品質にこだわっている。

観光面での規定もある。農場には、屋外に農園が所有し展示する農業設備、器具が置かれ、同時にリクリエーション、文化、教育、スポーツ活動のための施設を備え、できれば乗馬体験、なくとも家畜を見せる必要がある。さらに、地元自治体との協定で、地域の文化・歴史資源の理解を深めるための展示を備えていることも必要とされる。文化的に農村を訴えたいためである。

加えて、アグリツーリズモ事業所の認定を受けると税制上の優遇がある。建築規制などの緩和も受けられる。法の仕組みは、まず村人である従業員の福利厚生、次に地場産業である農業の質の改善で活路を開き、第三に文化と環境への配慮を整えることで、農村再生のために必要な基礎を備えるものである。農村再生の原動力としてアグリツーリズモが機能すれば、再生に必要な景観などの規制緩和も認めるという考え方である。

3　複数の農民組織が進めた全国展開

「アグリツーリズモ」という言葉は65年にアグリツーリストが初めて唱えた。しかし、この協会以外にも後発の全国組織がある。どの組織もアグリツーリズモ振興を唱えるが、文化的景観、地方文化の継承、地域の食品の保全などの目的に濃淡があり、その方法もやや異なっている。

アグリツーリストは前述した「イタリア農業連盟」の創設だが、イタリアには他にも農業団体がある。まず、この農業連盟は戦前からの組織で旧地主の組合員が多く、農作業に直接には携わらない農場経営者が多い。最古の組織である農業連盟会員は、イタリア全農家数の2割にも満たない。一方、「耕作者連盟」は全農家の約6割が参加する最大組織である。耕地面積は小さいが、家族経営農家が圧倒的に多い。この他「小作農民連合」と「農民連盟」がある。[*12]

「耕作者連盟」は戦後増加した小規模自作農の組織で、中道保守系の旧キリスト教民主党との関係が強かった。「小作農民連合」はその名の通り小作人の組織で、「農民連盟」も同様に元小作人、現小作人が多い。左翼系の協同組合には長い歴史があり、旧共産党系と旧社会党系に分かれる。

そもそもイタリアの農業に関わる人々は、大農場主、中規模農家、小規模自作農、零細農家、小作農民、農業労働者に分かれ、名前からも分かるように、それぞれの団体は背景とする会員と地方組織の政治傾向が異なる。地方には、農業者・農業企業が組織する地域ごとの協同組合などがある。個々の組合はそれぞれの全国組織に系統付けられる。これらの全国組織はそれぞれ支持政党が違った。日本では、労働組合が今でも連合と全労連、民主党系と共産党系に分かれている。イタリアの農業団体はより複雑だが、これに近い。

一方、日本では、ＪＡ（農協）と呼ばれる全国農業協同組合中央会が、全国の地域ごとに組織された単位農協をグループとして束ね、その上に金融から冠婚葬祭まで幅広く組合員の生活・生産を支える様々な機能をもったグループ企業を率い、ほぼ統一的に農業関係者を組織化している。もちろん、ＪＡはその上部構造に強い力を発揮した政治組織を備えていた。

イタリアには、この他、各地にコンソーシアムが多い。これは日本の土地改良区に近い。干拓地、開拓地などの水利権を持ち、国の補助金の受け皿で、独立会計を持つ点が似ている。しかし、農業連盟などと同様、複数の団体に分かれ、政党ごとに組織化されていた。

90年代に崩壊するまでの戦後の長期間、イタリアでは「政党支配体制」が続き、国内のあらゆる分野の団体が政党ごとに分かれていた。キリスト教民主党と共産党が二大政党とされたが、二つともすでに消滅した。また、他の中道諸政党も数々の下部組織をもっていた。特に、戦後に生れた農業団体は、各党が競って組織化した成果である。労働組合が3系統なのに農業団体は主なものだけで4系統。二大政党政治が終焉した90年代後半以降、農業団体の政治色はやや薄らいだが、構成員が大農場主から小作、労働者まで多様なのだから、まとまろうという動きはない。政治的な違いは薄れても、それぞれに立場が違い、だから個性を追求し、今も競い合っている。

80年代には背景とする政党とその政治基盤の違いにも、まだ意味があった。だからアグリツーリズモについても、それぞれの団体を背景として似た組織がつくられた。それが耕作者連盟による「テッラノストラ」、農民連盟による「ツーリズム・ヴェルデ」である。利用者に混乱を招くとして、イタリア農林省は80年代末に三つを連合した「アナグリツール」を組織した[*13]が、今ではその実態はない。母体となる団体の政治色が薄まった分、それぞれの協会は組合員の個性をアグリツーリズモでも出そうとする。しかし、そうは簡単にいかない。

実際、三つの組織がバラバラでは混乱すると思うが、それは首都ローマでの話、農村は違う。村の役場では違いは意識していない。単にガイドブックの版元とインターネットのプロバイダーの違いとしか見ていない。だから余裕があれば三つに広告を出すし、余裕がなければその年一番安い会費の組織を選ぶ。こんな農村側の態度を熟知している3組織の本部もそれぞれにページ上で個性を出し、競争で会員を集めようとする。しかし、所詮ローマの本部からは現地は見えない、農村側にはその努力は伝わっていないと、私は思う。

とはいえ、ローマの三つの本部で幹部と話すと、外国人の私にはアグリツーリズモの世界の広がりと深さがよく分かる。フランスやドイツでは農家民宿の全国組織は統一されており、地域色は豊かでもイタリアほどに個性はない。また、ＪＡが地方の農家から中央の大政党まで、全国に一斉に号令をかけた日本の農業界では、地方色や個々の経営体、農家・農民とその家族の多様性を活かしたアグリツーリズモは生まれにくかったと思う。

ローマの三つの本部組織の中でも、大農場主中心のアグリツーリストのオフィスがもっとも質素、最大規模の耕作者連盟のテッラノストラがもっとも豪華、旧共産党系、農民連盟のツーリズム・ヴェルデがもっとも役所風に感じられるのもおもしろい。同様にアグリツーリズモ施設には、農場主、自作農、元小作人、それぞれの出自で建物に違いがある。もちろん、出される料理や雰囲気は何より経営者自身の個性によるところが大きい。母体となる組織が多様だから、こうして現場の多様性が寛容に受け入れられるのだろう。

一方、イタリア農業関係者には、日本のＪＡ組織は説明しにくい。どうして一つの系統にまとまるのかと聞かれる。日本の農家は、皆まじめで仲良しなのだと答えている。

イタリアでは、これら組織間の競争に煽られてアグリツーリズモは拡大を続けた。全国の１万９千700事業所の中には、これらどの組織にも属さない事業者も多い。７千898のレストランにはさらに非会員が多い。だから、３組織の保証も必ずしも役には立たない。イタリアだから個性に富んだ愉快なものが多い反面、これは外れだと思う施設もあるので注意が要る。

4　スコットランドとフランスから学んだもの

70年代のアグリツーリストの活動にはＥＣ諸国の専門家との交流が多かった。中でもスコットランドとフランスからは多くのことを学んだ。

英国の田園は美しい。だが産業革命から250年間に都市化が進み、都市と農村の経済格差は拡大、農村だけでなく旧炭鉱地域など多くの深刻な衰退地域を抱え、政府は地方の経済再生に長年に渡って取り組んだ。工場誘致による開発も一通り経験した後、現実的な振興策で農村の公共・民間のサービス水準を維持し、必要なインフラを整備し、持続可能な農村を目指す政策がとられた。環境保護のうえでも農村・田園観光は重要である。[*14] 地域開発公社が創設され、社会と環境への影響、経済効果を慎重に評価して、持続可能な観光を発展させる取組みが90年以降本格化した。英国のビジョンは『農村観光白書』（01年）に詳しい。

アグリツーリストが見た頃の英国は、ＥＣ諸国の中でもっとも熱心に自然環境保護、景観保護に取組み、農村の社会・経済振興に具体的な成果を上げていた。英国イングランド地方には、湖水地帯やコッツウォールズなど美しい田園がある。一方、日本人にはスコットランド地方はやや馴染みが薄いが、環境面では英国の中でも先進的で、田園観光も進んでいる。

スコットランドは、宿泊施設が多様で、その品質保証を図る仕組みに特徴がある。現在の「ビジット・スコットランド」[*15]の一つ～五つの星による保証は85年に始まり96年に改定された。それ以前からオート・キャンプ場の格付け制度があった。これが全宿泊施設に拡大された。アグリツーリストが見た70年代は、その整備を始めた時期だった。

スコットランドには世界的なホテルとリゾートホテルの他、小ホテルやロッジ（山小屋）、ゲスト・ハウス（簡易宿泊所）、伝統的なイン（宿屋）も多い。山歩きの伝統があるからである。一方、オート・キャンプのためにはホリデー・パーク（固定型）とツーリング・パーク（周遊型）があり、キャンプ場のカテゴリーも充実している。また、日本でもよく知られる英国風のB＆Bも当然多く、さらにセルフ・ケータリング用の貸部屋、簡単なサービス付きアパートメント、部屋付きレストラン、学生用宿泊施設、ユース・ホステルなど、あらゆる休暇用の施設が揃っている。

品質保証の仕組みでは、これらのカテゴリー別に評価基準（外観、部屋の内装、バスルーム、食堂、サービス等）が細かく定められている。また、格付けの前提として、クリアしなければならない最低条件（安全、清潔、法令遵守等）が数多く設定されている。

アグリツーリストのシモーネ会長が注目したのは、まず施設が多様な点、事情の異なる農家に即したバリエーションにあった。次に、キャンプ場を含む地元の農家経営の小さくとも多様な施設に品質保証制度を導入し、サービス水準を確保した点だという。保証の内容は施設の質にあり、部屋数など規模の大小は問題にしない。よく勉強する農家も多い。だから、小さくても質の高い優れた宿を見出して紹介する点も大いに参考にしたという。

英国でもスコットランドとウェールズにあるこの品質保証制度には、イングランドの制度と違い、零細な宿を支援する意図がある。ビジット・スコットランドは星数による格付に宿泊施設から手数料を取る。現在のアグリツーリストの仕組みと同じである。さらに、バリアフリー、マウンテンバイクによるサイクリングなど多様なサービスを分かりやすく示している。ガイドブックで各種サービスをアイコンで示す仕組みも真似た。

一方、フランスは国土の8割が農地というヨーロッパ最大の農業国、伝統的に田舎の食文化が魅力である。また、36年に世界初のバカンス法を定めた休暇大国でもあり、田園をバカンス先として国が振興した農村観光の先進国である。日本では農村観光を「グリーン・ツーリズム」と呼ぶが、この起源はフランスにある。バカンスの発展過程で、海の観光をブルー、雪山の観光をホワイト、そして田園の観光をグリーン・ツーリズムと定義したのである。

パリからブルゴーニュ地方の中心地ディジョンへはTGVで、レンタカーでディジョンからオータンへと地方道を辿ると、食の王国ブルゴーニュの農村観光地に至る。バーガンディ・ワインの産地で、多様なチーズの産地でもある。フランス料理文化の中心でもある。私はこのブルゴーニュが最高だと思うが、ノルマンディやブルターニュもいい。世界文化遺産に登録されたサン・

テミリオンの葡萄畑の美しさは現代農業の芸術作品だとも思う。そして南東部のアルプス山麓のグリーン・ツーリズムもエレガントである。

そもそもフランス貴族には農村を楽しむ文化的伝統があった。市民革命を経た19世紀にはパリ市民が休日に周辺の農家へ食事に出かける習慣も広がり、交通機関の発達と共に全国がグリーン・ツーリズムの対象になった。

そのフランスの田園観光には三つの魅力がある。まず、見るからに豊かな農村でワインなどの豊富な農産物を楽しむ食の魅力、次に、海や山のリゾート、都市の観光地と違い、観光客がほとんど来ない農山漁村の文化遺産を静かに訪れバカンスを過ごす空間の魅力、そして日々革新し続ける環境保全型の最新農業技術に触れ、改善される食の品質を学ぶ。現代人のセンスにあった農の魅力が演出されている。

フランスのグリーン・ツーリズムでは、地域環境を脅かさない範囲で、地元住民が観光客を受け入れるという地元のイニシアティブを重視する。だから、観光客も地方色を十分に感じ、商業主義に陥らない正統派の価値を理解する。その土地ならではの食材を提供し、自然環境がワインやチーズ、野菜や肉の味わいに深く関わっていることを知り、美食を生む工夫の数々を学ぶ。

この点が、フランスに遅れてアグリツーリズモを始めたシモーネがもっとも重視した点である。食の魅力ではイタリアも負けない。地方色の豊かさはフランス以上である。観光客が来ない農村はイタリアには多いが、どの田舎にも文化遺産は豊富にある。農業体験も提供できる。イタリアのワイン業者は、ピエモンテ州バローロやトスカーナ州ブルネッロを始め、フランスの革新的な農業とワイン醸造法を学んでいる。後はフランスに負けないよう美しい農村景観を整備し、フランス並みの宿泊施設を作ればいい。その制度は大いに参考になった。

そしてもう一つ、フランスのグリーン・ツーリズム事業所の成功者には、実は都会からUターン、Jターンの人材が多い点に気づいた。最近ではグリーン・ツーリズムを開業する都市民のための補助制度も充実している。私自身がブルゴーニュを訪れた時にも言われたが、そもそもフランスの純粋な農家は家畜を飼っている場合が多く、農民はバカンス大国の例外的存在で、ほとんど休暇を取らない。人生で一度もバカンスを楽しんだことのない農民に観光客を喜ばせるサービスは提供できない。逆に都市民は、長年都会で、それも専門職で十分な所得を得つつ、毎年バカンスを堪能してきた。だからU・J・Iターンで民宿を始める都会人は、それまでの経験から、必要最低限のサービスに絞って、地域色溢れるサービスと経営に工夫を重ねているという。フランスのグリーン・ツーリズムの現状を知ったシモーネは、他所者の開業に随分寛容だった。地域住民のイニシアティブが重要とは言うものの、地域社会を決して閉鎖的に捉えない。もともと保守的な田舎で、さらに保守的な農民の意見では村は何も変わらない。都市と農村は人材の交流を通じてこそ、双方が満足する地域の発展が実現できるのである。

5　観光地型のチロルからトスカーナの農園観光へ

アグリツーリズモ事業所数で今も全国第2位のトレンティーノ・アルト・アディジェ州には、アグリツーリズモ以前の農家民宿の原型が多い。東部アルプス、ドロミテ山麓の牧草地を背景に点在する美しい町や村の中に快適なペンション、民宿が揃っている。それに対して、全国第1位のトスカーナ州は後発ではあるが、中部イタリア独特の緩やかな丘陵地に点在する広大な農園と農家、その料理がアグリツーリズモの魅力である。

チロルにも乳製品を中心に食の魅力はあるが、アルプスの山岳景観が最大の魅力となる。トスカーナにも美しい景観はあるがやや地味で、それよりもワインとチーズ、加えて肉料理の魅力の方が強い。チロルでは高原の爽やかな空気が魅力であり、トスカーナは乾いた農園ののどかな時間が魅力である。チロルは北アルプスの上高地や軽井沢に近い雰囲気だが、トスカーナは農村と農業、そして食の魅力が中心で、日本にはまだ見られない農村観光地だといえよう。アグリツーリズモは、まず高原のチロルで始まり、やがてトスカーナの丘陵から平原に広がった。避暑地から始まり農業地帯に広がったのである。

56年に冬季オリンピックが開催されたコルティナ・ダンペッツォを中心に3千メートル級の高

峰が連なるチロルには、今でもスキーや登山・ハイキングを目的に年間500万人が訪れる。湖、滝などの名勝が多く、スキーや登山に陰りが見えても、自然に親しむ観光客は絶えることがない。

また、オーストリアに隣接し、西でスイスと国境も接するチロルには、ドイツ系住民が多く、服飾・食生活も、町並みもイタリアとはまったく違う。ログハウス風のチロルの民家はイタリアには珍しい木造で（写真1・1、2）、花々が上手に飾られた窓辺は地中海世界と異なる中部ヨーロッパの風景でもある。北西部のメラーノは鉱泉でも知られ、療養地としての人気も高い。

そのため、一般のイタリア人観光客にとって、イタリア国内ではあるがスイス・オーストリア風の異国情緒が漂う外国にも見える。ペンションやレストランは国内の他のどの町よりも清潔で快適、垢ぬけてちょっと豊かにも見える。20世紀の中頃まで上流階級が好んだ避暑地であったことも、日本の山岳リゾートに似通った存在である。

さらに、州都トレントは、1545年から18年間続いたトレント公会議で歴史上有名な町でもある。公会議はルターやカルヴァンが始めた宗教改革に対抗したカトリック教会の再結集を目的としたため、カトリック国イタリアではよく知られている。その会場となった壮大なブオン・コンシリオ城は歴史好きな観光客を惹きつける。

一方、イタリア中北部のトスカーナ州は、北部で北アペニン山脈に接するものの大部分がなだらかな丘陵で、国内有数の農業州としてワイン、オリーブ、小麦などを産する。乾燥した土地に

写真 1·1　チロル地方ボルザーノ県のアグリツーリズモ

写真 1·2　チロル地方ボルザーノ県のアグリツーリズモ、プチホテル並みに大きい

合う葡萄はキャンティやブルネッロなどの銘酒で知られる。中世・ルネッサンス期に栄えた歴史都市が多く、フィレンツェ、ピサ、シエナなどそれぞれが中世都市国家の歴史を誇る。世界文化遺産の数も20州中最多で、州内の10県にはどれも個性的な農村と小都市があり常に多くの観光客を集める。丘陵の旧街道沿いに城壁や塔・鐘楼が聳える美しい風景は、ルネッサンスやマニエリスム絵画の背景としても描かれ、その後世界中に広がったランドスケープ庭園の原型ともなった古典的ピクチャレスクである（写真1・0）。

また、トスカーナのフィレンツェやシエナは中世からルネッサンス期に形成された現代のイタリア語の発祥の地の一つで、風俗習慣もイタリアを代表する地域だと考えられている。どの時代の建物も、都市の姿もイタリアらしく、多様な郷土料理の多くがイタリアの食文化のルーツとしても知られる。農村も古代ローマ時代に起源をもつ「ラティフォンド」（大農場）と中世に始まった「メッツァ・ドリア」（折半農地）が混在する、これもイタリアらしい農村である。

混雑した街なかを避けて、トスカーナ州のアグリツーリズモに泊まる人が多いのは静寂さもあるだろうが、農村そのものが好きだからだろう。単なるペンションや民宿としてではなく、農家だから泊まる客が多い。食の魅力も充実してきた。オーガニック農業も多い。チロルと違い、アグリツーリストがかつて参考にしたフランスのグリーン・ツーリズムに近く、地域の特色を最大限に活かしたアグリツーリズモである。

6　誰が農村での休暇を楽しみ始めたか

80年代にアグリツーリストが農村観光の顧客にアンケートした記録がある（図1・6）。普及し始めたばかりで、今ほどの広がりがなかった頃である。まず、顧客年齢は30歳代38％、40歳代23％、この世代で6割を占める。20歳代16％と10代後半8％と続くが、50歳代以上は11％に過ぎない。次に職業を見ると、サラリーマン46％が最大で、専門職17％、教員12％と続いている。イタリアの就業人口と比べると、専門職、教員の顧客の割合が高いことが分かる。学歴を見ると、高校卒48％、大学卒31％とあり、当時の大学進学率9％と比べても高学歴者の割合が高い。つまり、農村の休暇を楽しみ始めたのは、都会で暮らす高学歴の中流階級だった。80年代当時30～50歳だった人は、今50～70歳になっている。彼らがリピーターとして再三訪れているのだから、80年代当時少なかった50歳代以上が現在は急増していることも容易に想像がつく。

同じ調査で、誰と来たかも尋ねている。「家族と」が60％、「友人と」が31％、「一人」が8％とある。家族が多いが、友人と来る人もいる。離婚や晩婚が増えていた時代背景から理解できるものの、家族向きのバカンスとして定着したことがわかる。恋人となら海外や海や山など華やかなリゾートを、しかし、家族や親しい友人とならゆっくりと思う40歳代が農村観光を選んでいた。

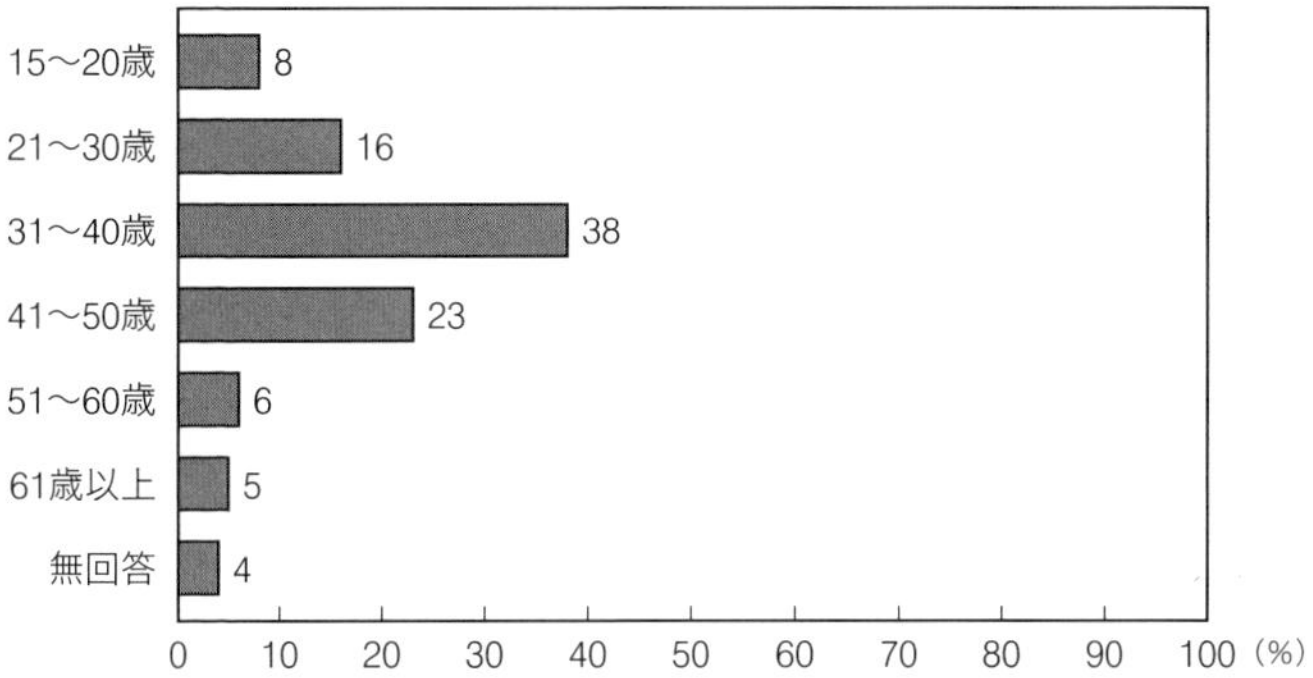

図1·6(a)　アグリツーリズモの客層「年代」（1987年の調査）(Agriturist 協会提供)

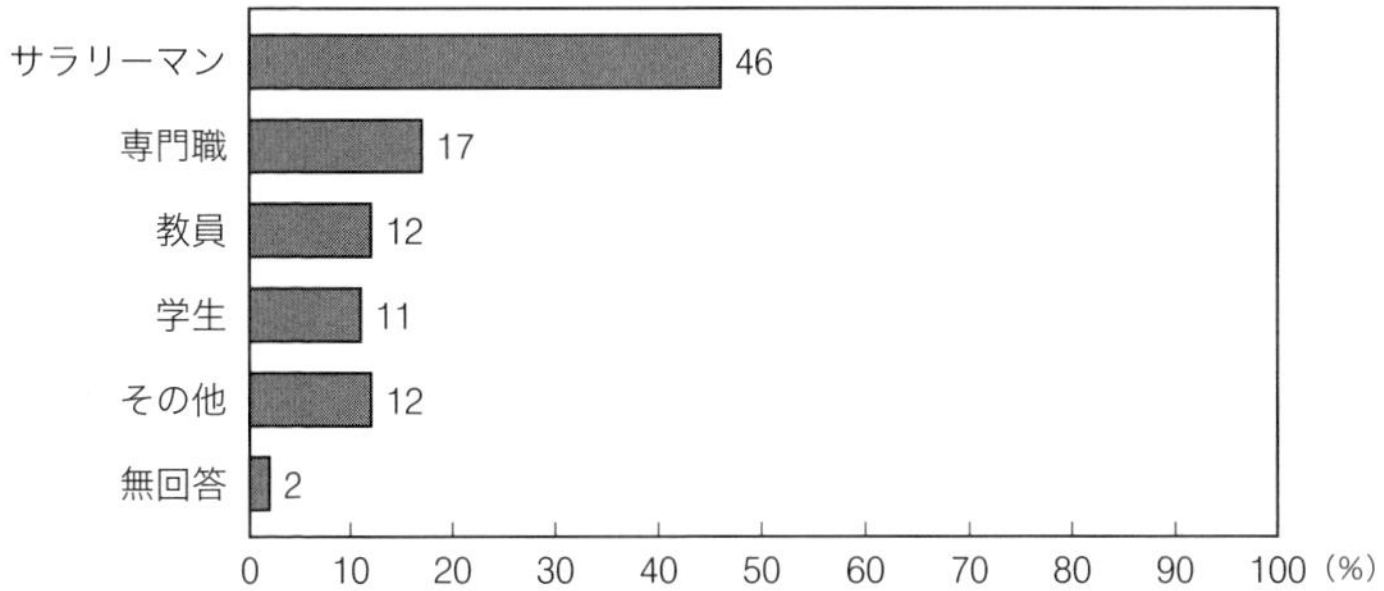

図1·6(b)　アグリツーリズモの客層「職業」（1987年の調査）(Agriturist 協会提供)

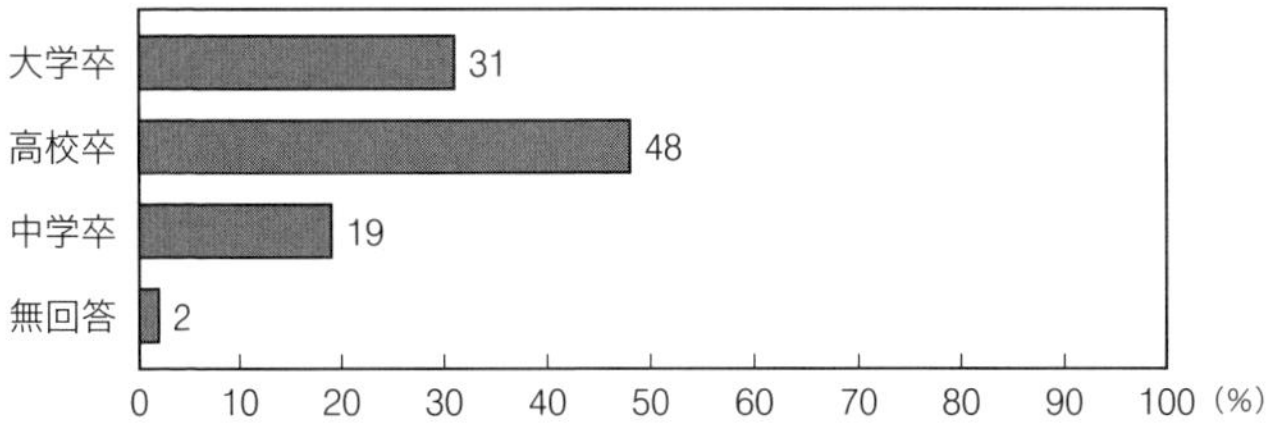

図1·6(c)　アグリツーリズモの客層「学歴」（1987年の調査）(Agriturist 協会提供)

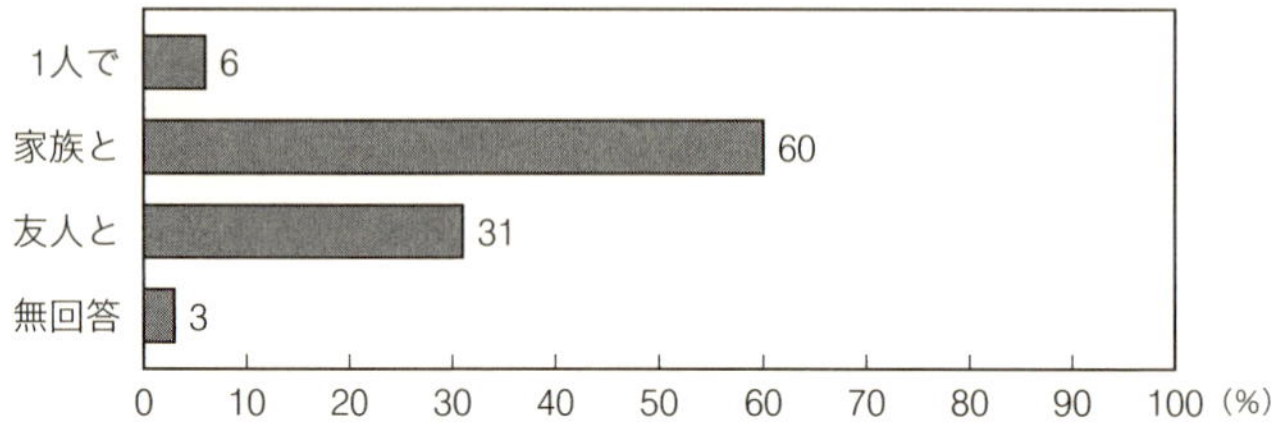

図1・6(d)　アグリツーリズモの客層「誰と」(1987年の調査)(Agriturist協会提供)

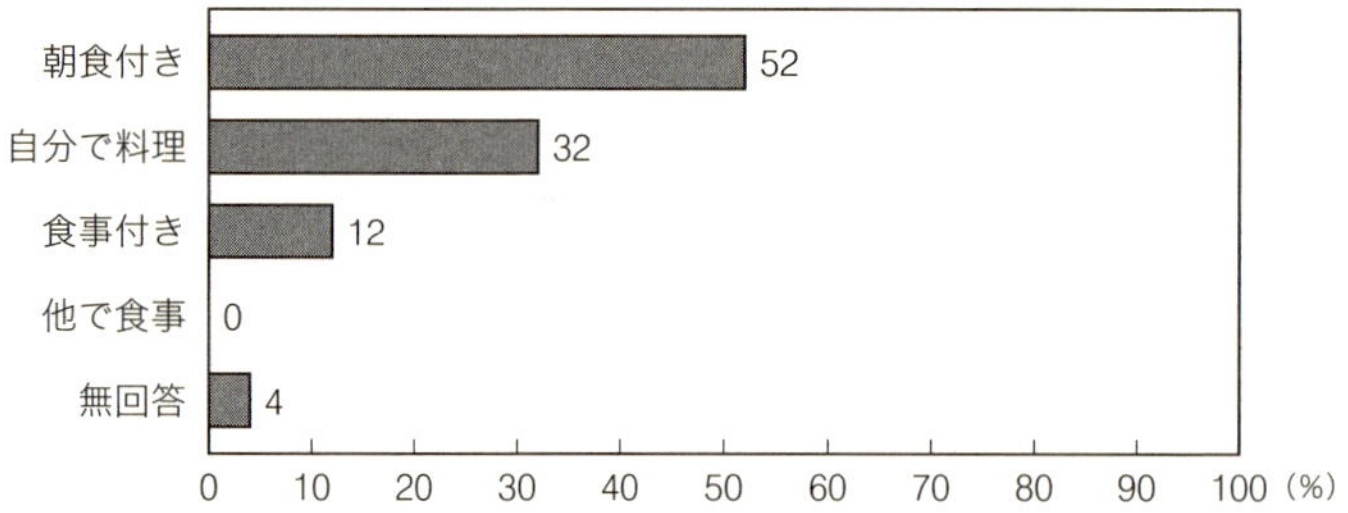

図1・6(e)　アグリツーリズモの客層「食事の有無」(1987年の調査)(Agriturist協会提供)

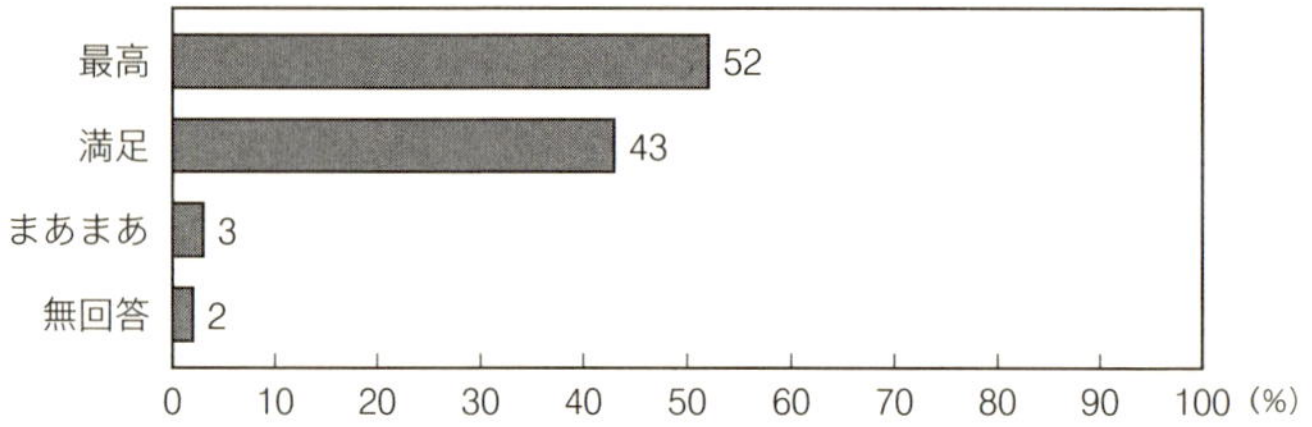

図1・6(f)　アグリツーリズモの客層「満足度」(1987年の調査)(Agriturist協会提供)

一方、サービスについての問いで、宿での食事の有無を尋ねている。朝食付きの希望者は52％、次いで自炊希望者の31％が多く、全食付きは12％でしかなかった。近くの食堂を利用したいという人は0％で、農村には適当な飲食施設がなかったのだろう。この当時はまだアグリツーリズモ施設での食事はほとんど期待されておらず、アグリツーリズモでの食事にさほどの集客力があったわけではないことがわかる。一般のホテル・ペンション同様に朝食付きであれば十分とする節約志向もあったのだろう。当時は、ドイツの農家民宿のレベルで、フランス農家民宿の食の魅力にまだ達してはいなかった。食の魅力がない当時はアグリツーリズモの人気はもうひとつだった。

チロル地方と異なり、アペニン山系の丘陵のアグリツーリズモの町や村では、当時農業の大きな変化が進んでいた。条件不利地域と呼ばれ農業の国際競争力のなかった丘陵地帯の中小規模の農園のワインが技術革新を重ね、ブランドとなり売上げを伸ばしていた。そのため、美味しいワインを求めて、その産地の農山村を訪ね、あわせて休暇を楽しもうという人々が増えていた。その後、アグリツーリズモが広がるにつれ、大規模な農園が施設を整備し、続いて平野部の中小の農園にもアグリツーリズが広がった。個々の事業者によって違いはあるものの、これが全体的には農業所得の上昇に大きく貢献した。

そして、アグリツーリズモの発展で、各地で放棄された農場が復活し、荒廃した建物の修復も進んだ。これが、農山村で規制が強化された景観保護に多大な貢献をしたことはイタリアでもよく言われる。打ち捨てられた納屋や倉庫が宿泊施設やレストランとして美しく生まれ変わり、景観を阻害する建物が撤去されたのである。景観規制があるため、普通の地域では新たに建物を建てることが難しい。しかし、廃墟ではあっても既存の建物があれば、それを再整備することはできる。80年当時、初期のアグリツーリズモ施設の整備が始まった頃には、顧客は40歳代か30歳代の高学歴の都市民だったのだから、彼らを惹きつけようとすれば、その地方の特徴に十分配慮して農家らしく、同時にセンスのいい建物が求められる。アグリツーリズモの間にも景観への配慮が広がっていった。

その後、90年代には食全般への関心が高まった。後述するスローフードが広がった時代である。そして、90年代には好景気で人々のワインへの関心はさらに高まった。消費量は減少したのだが、その分高級なワインを求める人が増えた。飲食の量から質への転換が進み、アグリツーリストなどの協会も農産物の質の保証に熱心に取組み始めたのである。地域特産の良質なワインには高い集客力がある。この力があったからこそ、アグリツーリズモはさらに成長したのである。

7　都会の顧客を引きつけたI、Uターン女性の経営

86年公開の映画『女たちのテーブル』は、マリオ・モニチェッリが監督し、カトリーヌ・ドヌ

ーブとジュリアーノ・ジェンマが出演したヒット作、トスカーナの田舎の村で仲良く暮らす８人の女性の物語、離婚を機に都会での仕事と暮らしを離れ、実家の農場に戻る過程を描いている。農場の売却を勧められるが、家族と自分のためにアグリツーリズモ農園の経営を選ぶ。女性の元気さが目立つアグリツーリズモらしい物語である。

他にも、80年代から90年代には、当時新しかったアグリツーリズモを題材にした映画が多い。描かれたのは、都会から戻ったアグリツーリズモの経営者、都会で成功したのに戻った人、失敗したから戻った人など様々であり、農村では充実した暮らしが手に入るという認識が共通している。所得水準は落ちる。娯楽機会も減る。慣れない農作業と不便な家事労働に苦労する様子を描き、しかし誰にも邪魔されない家族の会話や少数の友人との語らいが続き、心地よい農村で実りを手にした時の満足感を伝える。

90年代に私が調査したトスカーナ州、ラツィオ州、ロンバルディア州、ヴェネト州のアグリツーリズモでも、都会から戻った経営者が多かった。80年代にも90年代にもこれらの地域で売却される農園は多く、農園を買い求めた都会人も少なくなかった。だから映画のように、もともと農園を所有していた都会人が農村を再評価し、農業に創造的に取組み、やがてその体験を発信するためにアグリツーリズモを経営するようになるのは当然だった。農園を持たない普通の都会人の中にも、チャンスがあれば農家を買いたいという人は多かったのである。

アグリツーリストのホームページを始めウェブ上では「アグリツーリズモを始める手引き」が丁寧に解説されている。実際、始めたいという若者が多いのだろう。その内容は、まず地元の観光協会・商工会に出向いて、観光需要を探ることから始まり、アグリツーリズモ法の解説と必要な手続き、農園の価格、資金計画の立て方、どんな公的融資制度があるかを詳しく説明する。建築ガイドラインを見て、施設を計画、設計し、業者を選ぶ。読者は、農家よりも普通の若者が多い。だから、農場を安く手に入れる方法も載っている。

実際、都会から移り住む経営者には、『女たちのテーブル』が描いたように女性が多い。元々農村に暮らしていた女性たちにも大きな影響を与えたという。一方、昔から農村に暮らす男たちはアグリツーリズモに今も否定的なようだ。都会暮らしの経験がなく、現代的な職業の体験がない人には、これだけ多くの人が農村の魅力に気づくようになった今も、その魅力は感じられないのだという。

こうして、シモーネが参考にしたフランスと同じ状況がイタリアでも整い、今やフランスの規模を超えた。観光に関心のなかった農民が暮らす農村部に、この20年の間に2万近いアグリツーリズモ施設が生まれた。イタリアには、まだ約百万人の農業者がいる。アグリツーリズモ経営者とその家族、約3万人が新たに農村に定住し、毎年272万人の客が1千235万泊している。ひたすら減少する農業者、過疎化する一方だった農村にアグリツーリズモは大きな変化をもたらしたのである。

第2章

ローマ市民による
反マクドナルドデモとスローフード

写真2·0　ウンブリア州ノルチャ市は黒トリュフの産地、ハムやサラミでも有名

アグリツーリズモは近年、食の品質に力を入れている。地域の食材を活かした食事に人気が高いからである。イタリアでも食への国民的な関心が高まっている。グローバル化で進んだ「ファストフード化」に対抗する動きが、ローカルな味、それを産する田園の魅力の再発見に向かったのである。中でも最大の動きは、スローフードである。もちろん、それ以前から有機栽培を始めた農家があり、地域の伝統作物を復活させ、80年代頃から顕在化した食物アレルギーを持つ人々のために多様なオーガニック（有機）食材を市場に出し始めた。そして、その影響下に多くの農家が改良品種の栽培を止め、その土地固有の伝統的品種を復活し、少量ながら多様な農産物を生産する方向に農業も変わってきた（写真2・0）。

伝統的で多様な農産物は、ワインやチーズを始め個性的で多様な加工食品を生む。その結果、各地で伝統料理を蘇らせる人が増えた。もともと地域色豊かでバラエティに富むイタリア料理にスロー、オーガニック、そして地域の伝統メニューが増えたのである。

農業と農産物、食文化への関心の中心は、その土地の固有性の再発見にある。耕作方法だけでなく、土壌、環境、そして風景が味わいの要素として評価されるようになった。だから、中山間の不利な条件も個性になる。世界中で同じ味がするファストフードを拒む人は、通常のスーパーの食材には満足せず、本物を求めて優れた農家を田舎に訪ねる。その田舎の農業も環境も、そして風景や農家の暮らし方も、地域の伝統を受継ぎ、健康で環境に配慮した美しい本物がいいと思う消費者が増えている。もちろん、この間「農場から食卓まで」という総合的なＥＵ食品安全基準は厳格化されてきた。

アグリツーリズモが急成長した背景にあるスローフード運動の影響、有機農業の取組み、そして地域で進む食のネットワーク再生の動きを中心に、この章ではイタリアの生産者、消費者の意識改革の物語を綴る。

1　スローフード運動の誕生

さて、イタリアの美しく元気な村づくりの第二の出来事となったのは、スペイン広場を埋め尽くした市民のデモ行進、私がローマに留学していた86年のことだった。あれだけの規模のデモは、当時すでに珍しくなっていた。プラカードには「イタリアの子供からマンマのパスタを奪うな」と書かれ、その横に掲げられた巨大な鍋からは、スパゲッティに模した毛糸がぶら下がっていた。翌日の新聞で、ローマ市民がその美しさを誇るスペイン広場に出店するマクドナルド阻止のデモだと知った。見た当初、実は何を訴えているのか分らなかった。若かった私には、マクドナルド反対の主張は意外でもあった。また、イタリア人がパスタに飽きるとは思えないし、ハンバーガーがパスタに代わるはずもない。だからローマ市民の熱い反応はたいへん意外だった。

それが、かなり深刻な文化・文明論だと気づいたのは、はるかに後のことである。当時の私の関心は歴史的都心部の広告物規制にあり、規制に沿って地味な店構えに落ち着いたスペイン広場のマックは控えめで美しい店だった。デモのお陰か、トマトソースのスパゲッティも売っていた。それは、学生食堂（メンザ）のものより美味く、国鉄職員用メンザにはやや劣る程度の、実に「ファスト」なスパゲッティだった。

そして同じ86年、イタリア北部ピエモンテ州トリノ市の南60㎞、フランスとの国境に近いクーネオ県のブラという小さい町で「スローフード」協会が生れた。あれから四半世紀が経ち、スローフード[*1]は世界中に広がった。日本にも活動が広がって日本語としても定着した。[*2]その意味は、土地それぞれの伝統的な食材や料理法を探し、大切にする活動として知られている。もちろん、本場イタリアではオーガニック食品が当たり前、人々の食への意識は、この四半世紀に大きく変わったのである。

当時の私は知る由もなかったが、スローフードはマクドナルド反対運動の折に思いついた言葉だともいう。ファストフード化も広がった。そして、食と観光、アグリツーリズモに関する論文の多くには「マクドナルド化」という言葉も登場する。

スローフード運動を始めたカルロ・ペトリーニは49年に生まれ、戦後のベビーブーマーの１人で、60年代の民主化運動の時代に活躍した人物である。その後、旧共産党系の新聞「イル・マニフェスト」や「ルニタ」に食に関する記事を寄せ、やがて「ラ・スタンパ」「ラ・レップブリカ」など主要紙にも活動の場を広げた。単なる評論家では満足せず、具体的な活動を展開、『ゴーラ』という食文化雑誌を編集し、余暇・文化協会（アルチ）という団体の一部門を組織した。それが「アルチ・ゴーラ」という美食の会である。アルチは120万人以上の会員を擁する、草の根的イタリアの文化復興運動組織である。土着の文化、人々のつながりをベースにしており、スローフードの理念と密接な関わりをもっている。

ペトリーニの唱えるスローフードの理念は、フランス革命時代に活躍した美食家ジャン・アンテルム・ブリア・サヴァラン[*3]の『美味礼賛』の影響を受けているという。89年のマニフェストでは「人は喜ぶ権利をもっている」と、食の問題を人権思想に結び付けている。人間らしい健全で文化的な食生活をそれぞれの地域で享受する権利を主張し、グローバル化した現代産業社会を批判している。市民が歴史的都心部で文化的に暮らす権利を主張していた70年代の都市保存の主張を思い出す。イタリアの地方で活動する知識人らしい主張である。

同年パリで開かれた国際スローフード協会設立大会でのスローフード宣言を経て、ブラ発祥のローカルな取組みが瞬く間に国際運動として広がっていった。今では、世界中に8万人以上の会員がいる。もちろん日本各地にもその活動は伝わった。中でも、本場イタリアでは4万人以上の会員が、全国450支部で日々活動を展開し、協会のかたつむり印が付いた店や食材を選ぶ消費者が増えてきた。

スローフード協会は三つの方向それぞれで具体的な活動を繰り広げている。三つとは、「食を守る」「食を教える」「食を支える」である。守るとは、消滅した、あるいは消えつつある土地固有の伝統的食材、料理方法、質の高い食品、そしてワインを守ること。教えるとは、もちろん子供を含め、一般の消費者に本物の味、土地固有の味を教えること。そして、支えるとは、伝統的品種、本物の食材を育てる零細な農家を助け、貴重な料理法を受継ぐ人を応援し、地域の食品を提供する零細な生産者を支えることである。

実際、各地の生産者を訪ねて、少量生産される作物の商品化や販路拡大のアドバイスを続け、協会のネットワークを通じて取引先を紹介している。食の教室の開催は盛んで、健康面の関心の高まりから、全国で人気を集めている。また全国の支部や個々の会員が推薦する食材を、有識者やジャーナリストが加わる科学委員会で選んでリスト化している。このリストを旧約聖書のノアの箱舟に倣って「味の方舟」と呼んでいる。中でも、文化的、経済的にも地域にとって特に重要だとされる食材については、直接資金を投じて救済する「プレシーディオ」プロジェクトを進めている。プレシーディオとは要塞の意味である。さらに、食教育を推進するため、ブラ近郊のポッレンツォとパルマ近郊のコロルノに「食科学大学」を開設し、研究者やプロフェッショナルを育成している。世界的には「テッラ・マードレ（母なる大地）」として、地域ごとに持続可能な農林水産業と食文化のネットワークづくりを展開する地産地消の取組みがある。

広報活動も活発である。出版に熱心で、その書籍は全国の本屋に並んでいる。また、トリノの巨大な見本市会場「リンゴット（旧フィアット工場）」で、隔年「サローネ・デル・グスト（美食のサロン）」を開催、隔年でブラでもチーズの見本市、港湾都市ジェノバではスローな魚介類の見本市を開催している。トリノのリンゴット横には巨大な食材のデパート「イータリー」が08年に開業した（写真2・1）。翌年には遥かに小さい規模ではあるが、東京代官山に早々と進出した。

スローフードの主張に沿って、イタリア人の食への関心は高まった。一般家庭でも食材を品質で選ぶ習慣が広がり、街中の食品店が食材の質を競うようになった。特に都心部に生き残った個店では肉類、プロッシュート（生ハム）、サラミ、チーズ、オリーブなどの産地表示と計り売りは当然だとしても、野菜も近くの産地の名前を付けて売っている。もちろん値段も相当高い。一般のスーパーでも産地表示付きの有機野菜のコーナーが大きく

写真2･1　トリノ市リンゴット（元フィアット本社工場）に隣接する食材のデパート「イータリー」

なり、高価な方から売れている。スーパーでも計り売りのコーナーが賑わい、客との会話がはずんでいる。

野菜や果物であれば、その耕法がオーガニックであるかが問われる時代になった。また、牛も豚も鶏も、放し飼いであるか、その飼育方法が問われる。食品店が生き残るためには、品質保証と食材の豊富な知識が必要になった。消費者が変わったからである。健康や美容だけでなく、スローフードがよりよい人生を保証すると思う人が増えた。もちろん、私の30年来の友人たちも変わった。彼らは食材を求めて農村に出掛けることも多い。有機栽培農家から直に買うことが一種のブームになった。あわせて料理方法も聞いているようである。

2 有機農業を後押しした品質保証制度

スローフード運動より一足早く、有機農業は60年代から始まっていた。今やイタリアは有機農業のもっとも盛んな国の一つである。実は、英語圏のように「オーガニック（有機）」とは呼ばず「ビオロジカ（生物学的）」という。イタリアでも有機農業には様々な認証システムがあり、厳しいものが多いが、その耕作方法や認証方法に幅がある。

有機食品とは、農産物の生産から保存、加工まで全過程を通じて、化学物質を一切使用せずに造られた食べ物である。有機肉類とは、その家畜が自由に動ける空間で、有機飼料のみによって育てられ、病気の時はホメオパシー[*4]の獣医に掛かることが条件とされる。

最新のイタリア有機農業全国情報システム[*5]のデータでは、有機栽培には全国で111万haの農地で4.8万人が従事しており、この規模はヨーロッパ最大である。10年の有機農産物の市場取扱額は09年の12％増で、野菜・果物だけでも9.2％増となった。この増加のペースからも分かるように、有機農業は生産者の熱い支持を集めており、進化し続けている。実際、00年の農業センサスでは全耕作農地の7.9％だった有機栽培が、10年の最新のセンサスでは8.6％に広がった。この高い比率は、世界で4番目になるという。同じ時期に、有機栽培農家は全農家数の2.1％から2.6％に増加した。

日本では06年に「有機農業推進法」が制定され、農林水産省もその普及に努めている。しかし、有機認証を受けた格付作物の生産は0.2％に過ぎない。そのため、イタリアを含む海外からインターネットなどで直接輸入する日本の消費者やレストランが多い。

一方、イタリアの有機農産物の3割以上は輸出されている。もちろん国内の需要も急激に増加しており、一部では供給が追い付かないほどである。特に、古代種や地域固有種を生産する農家は、様々な有機農産物のネットワークを通じて小ロットでも流通ルートを確保している。今や、有機農業はイタリア農業、その食料生産・供給システムの重要な地位を占めている。

もっとも、有機農業の需要と供給が伸びたのは主に90年以降のことである。それ以前は、北部ロンバルディア州やエミリア・ロマーニャ州のパダーナ平原の穀倉地帯を中心に、化学肥料や農薬を大量に投入し、機械化された近代農業が推進されていた。イタリアでも戦後の農業は集約化によって生産を増加させた。やや遅れたものの、山間部や島嶼《とうしょ》など、条件不利地域でも農薬や肥料を大量に投入する集約農業が普及していた。

化学肥料は1840年にドイツ人化学者ユストクス・フォン・リービッヒが唱えた理論によって生産が始まった。農薬は1851年にフランスで生石灰と硫黄を混ぜたボルドー液がブドウ畑で病気に使われたのが始まりだった。その後、20世紀には化学工業や流通網が発達し、農業生産を飛躍的に増大させた。その後、品種改良技術が発達、現在もバイオテクノロジーが遺伝子組換技術を農業に応用している。

この近代的農業に対する反論は、すでに20世紀初頭から始まっていた。英国人アルバート・ハワードが1905年にインドで始めた堆肥利用の農法や、ルドルフ・シュタイナーが1924年に提唱したバイオダイナミック農法が先駆的とされる。

その後、62年に米国のレイチェル・カーソンが『沈黙の春』を出版し、世界的に大きな影響を与えた。イタリアを含むヨーロッパでは、水道水の水源が主に地下水であるため、DDTのみならず、その他の農薬や化学肥料による土壌と水質汚染が環境問題として深刻に捉えられ、近代農業が環境破壊をもたらすという認識が広がった。

その後、80年代には食物アレルギーの蔓延がより身近な問題として登場した。食物によるアレルギーは、70年代に米国の医学会で初めて認知され、先進国の多くで瞬く間に話題となった。アトピー性皮膚炎の原因の一つともされ、環境汚染との関係、また資材を多く投入する近代農業の影響によるものだという認識が広がった。一方、80年頃にドイツで古代種のスペルト小麦[*6]は小麦アレルギーを起こさないことが指摘され、有機栽培の古代種や在来種が、アレルギーを防ぐために求められるようになった。

日本でも食物アレルギーに悩む人は多い。有病率が乳幼児で10％、3歳児で約5％、学童以上で1.3〜2.6％という[*7]。イタリアの数字は分からないが、フランスで3〜5％、米国で3.5〜4％と日本よりやや高いとも言う。日本での食物アレルギーの原因は、年齢にもよるが、最大が鶏卵、次に乳製品、そして乳幼児の8％程度が小麦で発症するといわれる。小麦アレルギーは以前から欧米で有病率が高かった。有機食品愛好者の多くは何らかのアレルギーに悩んでおり、彼らが毎日消費する量は決して少なくない。

こうして段階的に環境保全型農業、特に有機農業への市民の関心が高まる中、農家の取組みも始まっていた。イタリア中部のマルケ州など小規模ではあるが先駆的な農家が細々と始めた組合方式の有機栽培である。それが、90年代にはイタリア全耕作面積の7％を占めるようになり、イタリアはヨーロッパ最大の有機農業国にまで成長した。

イタリアの有機農業の中心には、ジーノ・ジロロモーニがマルケ州で創設した「アルチェ・ネロ」[*8]という組合がある。ジロロモーニはこの地方の農家に生まれ、イタリア農業が大きく転換する中で、70年代初め仲間と共に新しい農業を始めようと決心した。ただ、多くの農家が進めた機械化、集約化とは正反対の、環境に優しい伝統的な農法を目指した。当時は数少なかった伝統作物を守る遠くの農家を訪ね、その育て方を学びつつ、少しずつ仲間を増やし、自分たちの組合をつくり、アルチェ・ネロという有名なアメリカン・インディアンの名前を付けた。アメリカが進める集約農業、アグロビジネスに反旗を翻したことを訴えるためである。[*9]実際、その反旗はイタリア全国から世界中に広がり、やがて「オーガニック革命」と呼ばれるようになった。

有機農業が拡大した最大の理由はEUの食品安全基準の強化と有機農家支援にある。条件不利地域として知られるシチリア、サルデーニャに対して、特に手厚い支援を進めたために、90年代には急速に拡大した。[*10]すでに、多くの農家はアルチェ・ネロの成功を知っていた。地域の農産物を高値で輸出するためには、農法の転換が必須だと分かっていた。もちろん、一般の農家はジロロモーニのように研究熱心ではない。複雑な手間を嫌いながらも、補助金と通常の農産物よりは2~3割高い価格を求めて有機に取組み始めた農家が多い。全国各地に生産者組合が増え、また有機農産物の認証機関も増えてきた。

中北部のトスカーナ、エミリア・ロマーニャ、ピエモンテ州でも、またシチリアとサルデーニャ島、南部のプーリアやカラブリア州などでも有機農業は盛んで、農業が活発な地域ほど取組む農家が多く、耕作面積が広い。農産物別では、飼料、牧草が圧倒的に多く、次に多いのが小麦などの穀物で、ここまでで全有機栽培面積の73％を占める。次に、オリーブが多く、果物やブドウはやや少ないものの、多様な野菜を含むほとんどの作物に広がっている。また、南部ではオリーブと柑橘類が、中北部では飼料や穀物の有機栽培が多い。

流通も盛んで、大型スーパーでも街角の八百屋、露天マーケットでも認証マークが分かりやすく表示され、簡単に手に入る。中でもコープ（生協）は独自の有機野菜ブランドをもち、盛んに販売している。

有機野菜は高い。非有機産品と比較すると平均で、ワイン1.6倍、パスタ1.4倍、チーズ1.3倍、ジュース1.3倍、牛乳1.2倍の値がつく。肉類はワイン以上、倍近い値段になる。それでも十分に売れるからどこでも買える。有機野菜の72％が国内消費で、22％が隣のフランス、4％がベルギーに、量は少ないがドイツ、オーストリアにも輸出されている。

第1章で述べたアグリツーリズモ組織同様に、有機農業の取組みも昔は政治色が違う別々の農業団体ごとに振興され、全国的な生産者団体も林立している。そのため認証機関が10以上ある。

意外なことに、イタリア有機農業には日本の影響がある。各地で福岡正信[*11]という名前が知られ、日本では有機農法が一般的だと考えている人が多い。また、大都市には「マクロビオティック[*12]」

の店が増え、日本から輸入されたヒエやアワが小さな袋で売られている。値段はびっくりするほど高い。イタリア人の近年の食文化への関心の広がりが分かる。

もちろん、このオーガニック革命はイタリアに限ったことではない。菜食、自然食は欧米各地で広がった。アメリカのオバマ大統領夫妻が、就任直後にホワイトハウスで有機野菜づくりを始め、その指導にカリフォルニアの有機食材のカリスマ、アリス・ウォーターズを招いたことが話題になった。また、「ハッピーカウ」というウェブサイトでは、旅行者のために全世界のオーガニック、菜食レストランのリストを掲載している。ハッピーカウとは、畜舎でなく放牧で育てられたストレスの少ない牛を言う。有機とはいうものの、食肉になるのだからハッピーな訳もなかろうが、その味の違いを理解する人が増えたことには驚かされる。

3　原産地呼称制度とエノガストロノミー観光

こうして、有機農業の広がりにつれて、その土地ごと、畑ごとの味わいを理解しようという流れがイタリアの農家の意識を大きく変えた。有機品質の保証に加えて、多くの農産物で産地の特定が消費者から求められる。日本でも近年畜産のトレーサビリティ制度が導入されたが、ＥＵでは対象となる農産物が多い。生産者も品種はもとより農地と農法の特徴を消費者に訴える手段として活用している。この農産物の地理表示を保護する「原産地呼称制度」は、EUが制度を定め、[*13]TPP加入を巡って今や日本でも、この国際基準の導入が比較検討されている。イタリアでは州政府が州法によって、EU制度の適用基準を定めている。

イタリアに限らないが、EU諸国では農産物の原産地呼称制度により、高質の農産物の価格を保障し、農家の経営を大いに改善した。EUの資料によると、トスカーナ州のオリーブ油は同制度のPDOとPGIの登録認証により、農家・加工業者・流通業者それぞれに46〜54％ほどの利益上昇をもたらした。[*14][*15]最終価格は750ccボトル一瓶が千円以上の高級エクストラ・ヴァージン・オイルになった。もはや、国民の飢えを凌ぐための大量生産農業の時代は終わった。各地の農家は工夫を重ね、その土地の自然条件、人的要因を最大限に活用した質の高いブランド農産物を創り出し、多品種少量で高付加価値農業を競う時代になったのである。そうすれば海外に輸出でき、世界的ブランドになる。この高価なエクストラ・ヴァージン・オイルを、我家でも妻が直輸入し、娘はバターの代わりにパンに塗って毎朝食べている。

だから、農地価格もこの認証の影響を受け、一部の熱心な農家は積極的に格付の高い農地の取引を行っている。また、有機栽培を長年続けた農地は土壌がいいため価格が高い。だから有機に取組んだ農家は、その投資分の収益が得られるようになった。この傾向を村の農業再生、村づくりに活かす動きが始まっている。特に中山間地の条件不利農地では、地域性を前面に出したこの新しい農業こそ活路を開く方途と考えられている。

イタリア中部アペニン山脈の中、アブルッツオ州は、北のトレンティーノ州と並ぶ山岳地域である。アルプス山脈東部のチロル地方として知られるトレンティーノ同様、広大な州立公園が州の全面積の30％を占め、自然環境が良く守られている。しかし、チロル地方ほどの観光地ではないし、その農産物に付加価値があったわけでもない。そこで、アブルッツオの自然環境を活かし、特長的なしかし小規模な農家の産品を地域の流通に乗せる取組みが始まった。[*16] そして、その農産物で観光客を惹きつける観光を「エノガストロノミー観光[*17]」と呼び、振興している。日本でフードツーリズムと呼ぶものの最上級である。

一般に、中山間地域の農業に共通するのは、多くの作物を作っているわりに特産品には乏しいことだ。元々生育する作物が限られたために、多品種栽培に挑戦し続け、様々な可能性を試したものの、どれもが中途半端、有名産地にはなれなかった。とはいえ、一つ一つの作物にはその土地の個性が滲み出ている。その味を理解する人も多くはないが存在する。だからニッチな産地をニッチな市場につなげることで、土地の個性的な味を生かそうというのが事業の狙いである。

この取組みでは、34軒の農家と16の観光事業者をつなぐネットワークが作られた。農家とはワイン、オリーブ油、チーズの他、山羊、羊などの手に入りにくい乳製品、豆類、穀類、果物類、トマトの生産者である。観光事業者とは、アグリツーリズモ、B＆B、そして小さな町のレストランをいう。地元のワインと食材を活かした料理の技、芸術性で観光客を魅了しようという。その土地の味わい深い食品の生産プロセスは、その風土に特徴づけられる。個々の生産プロセスは、その土地の自然環境と固有の文化の一部でもある。その土地独特の味わいや香り、チーズの味を思い出すたびに、人はその忘れ難い土地を再び訪れようとする。訪れる人には違いが分かり、そんな人を魅了する味わいは詩的な感激を提供する。

消費者は常に品質に厳しい目を持っている。自分自身のために美味しさを格付けし、真面目な作り方がされているかを丁寧に点検する。そんな消費者の態度は、毎日食べる穀類（シリアル）やパンだからこそ熱心になる。

アペニン山脈の丘陵地の条件の悪い畑では様々な穀物が栽培されてきた。品種改良された生産量の多い小麦の作付けが増えてはいたものの、生産量の少ない大麦や、スペルト小麦など古代種を含む多様な在来種も少量ではあるが造られていた。アブルッツオ州の山間地では、焼畑同然の粗放農業も生き残っていた。今や、その珍しい穀類が高く売れる。

また、第二次世界大戦直後まで、川の至る所にあった小さな水車で小麦など穀物を挽いていた。水車は大規模な町の製粉所に代わり、小麦も在来種のほとんどは失われた。穀物は食生活の基本であり、人間と自然との関わりの中心でもある。だからこそ、古代種、在来種の小麦を中心に地域性のある穀類を育て、復元した水車で粉に挽くことで、パンの味わいから山の多いアブルッツオ州の魅力を訴えようとした。州内にはマイエッラ州立自然公園がある。その一画、カラマーニコ・テルメの村では、この小麦とパンで村づくりを進める。

もちろん、これらの穀類、小麦の生産プロセスは小規模で、ネットワークが閉じているため、商業ベースでパンやパスタに加工し、収益を上げることはできない。そのため、食の観光として消費者を生産地に招き入れる以外には収益は上がらない。観光客を呼ぶにはアグリツーリズモ、そしてアグリツーリズモの中でも自然食、安全な食材のオーガニックの特色を出す必要がある。

この取組みでは「味の地理、地理の味わい」と唱えて、地理的な特色、景観とそれを構成する森林、河川、土壌と作物がどのように関係するかを分かりやすく説明する。観光客には様々な農作業の現場（写真2・2）を見せることで、純粋にオーガニックな生産工程をみせて、食材の味を確認してもらう。観光客は、一切農業体験をしない代わりに、現地で農家の人々の作業を見ることができる。土地のプロの技を見せるのである。ただし、見学する先々では必ず試食が許され、このネットワークに加わるレストランには、その食材を使ったメニューがある。半日ほど農村を回っていると、その味わいが忘れられなくなるという。

そして、カラマーニコ・テルメ村の農家では畜舎の屋根にソーラパネルが置かれ（写真2・3）、その裏の小川では小水力発電機が静かな音を立てている。雪の残るアペニン山系の山並みには発電用風車が回っていて（写真7・0）、エネルギーの地産地消がよく理解できる。有機栽培の野菜

写真 2·2　カラマーニコ・テルメ村の牧場（撮影：Armando Montanari）

写真 2·3　カラマーニコ・テルメ村のソーラパネル（撮影：Armando Montanari）

や有機肉類、酪農品の加工（写真2・4）に必要なエネルギーには化石燃料は相応しくない。だから、その土地の自然から得られたエネルギーだけを使っていると解説される。

イタリアでは、まずワインの産地と品質の法制度が発展し[*18]、生産方法に係る幅広い取組みを支援する制度も最近整えられた。90年代末から00年代にかけては、さらに産地の地理、環境は食品の質に直接結びつくものとして消費者に周知することが義務づけられるようになった。その仕組みは、州ごとに法制化されている。消費者は、集約的に大量生産された安く形のいい農産物はファストで、固有の地理に恵まれたうえに、環境が保全された農地で、オーガニックに生産された優れた農家の産物がスローだという。スーパーの安い衣料品と有名ブティックの手作り品の違いと同じである。多品種少量生産は、イタリアではこうして農業にまで広がった。

写真2・4　カラマーニコ・テルメ村のカッチョカバッロ・チーズ

4　食生活の変化に呼応したブランド農業への変身

この間、イタリア人の食生活も少しずつ変わってきた。家計支出調査から食費の構成を見てみよう（図2・1）。もっとも顕著なのが肉類の消費の減少である。73年の33％から09年の23％まで、36年間に10ポイント減った。次に油脂類の減少が激しい。額は少ないが割合では半減した。一方、肉に代わって増えたのは魚類、果物・野菜で、その消費割合では倍増し、パン、パスタと穀類の割合も5ポイント以上伸びた。肉食から菜食に、イタリア人の食生活が変化し、ダイエット志向が進んだ状況がよく見える。

一方、同じ36年間に食材の消費は金額ベースで10倍以上に伸びた。物価も3倍ほど上昇したものの、それでも消費の伸びは大きい。パン、パスタと穀類は金額で14倍に上る。食費に占める割合が減った肉類も、金額では物価上昇をはるかに超える6.7倍に伸びている。この間、人口はあまり増えず、生産量も消費量も増えていないのだから、食生活の変化は量から質への転換である。同じ食材でも高品質のものを買い求めるようになったのだろう。パスタも国産デュラム小麦ののしか売れない。そして、市場価格が2～3割も高い有機農産物が売れ、街なかでも、田舎のアグリツーリズモでも品質保証されたものから売れる。

この様子は、日本の食品の消費金額が、同時期にほとんど伸びていないのと対照的である。その分、日本では加工食品と外食の消費額が急増した。イタリアでも外食費は少なくないが、食材費ははるかに増え、量から質への転換が進んだ。だから、選び抜いた優れた食材を家庭で調理する習慣がまだよく残っている。機械化が進み、イタリアの家庭でも家事労働時間は大幅に減った。しかし、食事にかける時間はほとんど減っていない。社会でも家庭でも様々な変化が起こった。その中でも、食生活は質を高める方向に変化したのである。

イタリアでもファストフードは増えた。しかし、デモに参加してでも阻止しようとした。もちろん子供には可能な限り与えないようにする。親に時間がなければ、祖父母の近くに住んで、その手を借りてでも子の食生活を守る。都会での生活が忙

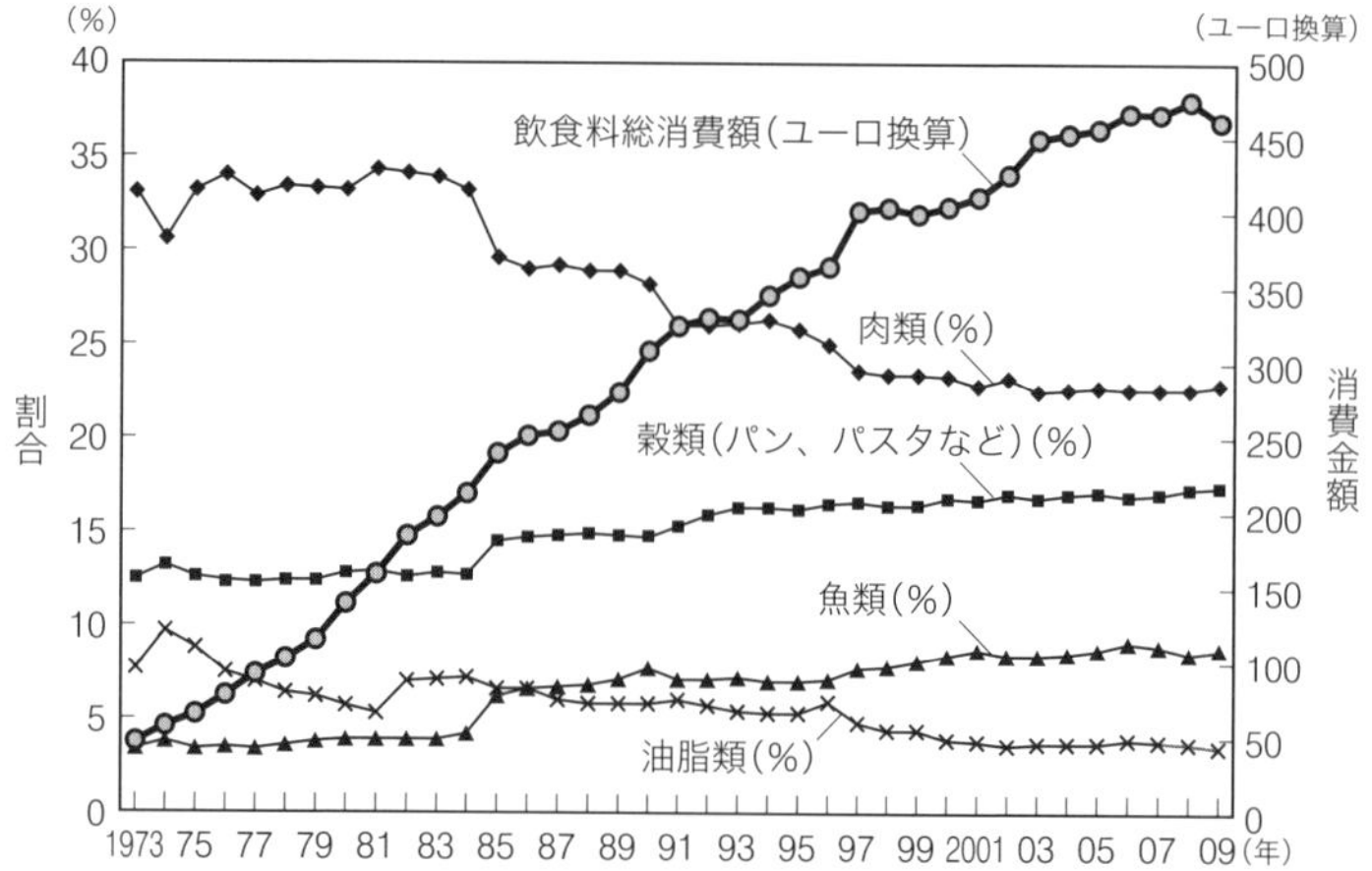

図2·1　家計消費における食品購入額とその中での各食品の占める割合の推移（資料：ISTAT、イタリア政府統計局）

しければ、地方に移り住んででも生活の質を守ろうとする。だから、単身赴任を嫌う。ワークよりもライフに比重をかける。そんなイタリア人のスロー志向の一端が食生活にもよく表れている。

これだけ変化すると農業への影響も大きくなる。品目の消費量が変われば、価格も変化し、生産調整が要り、輸入量が増大する場合もある。統計上の食料自給率も上下するはずである。この変化に対してイタリア農業は柔軟に対応したようである。有機農業の伸びは、この食生活の変化と表裏一体で進んだ。農産物の質を求める消費者の要求に、少しでも高く売ろうという生産者は慣れ親しんだ農法を捨て、熱心に革新を重ねた。

同じ農産物を少しでも楽に作ろうとして、化学肥料や農薬を投入して大量に作っていれば価格は下がるだけである。全国チェーンの大型スーパーで大量に売る均質で小奇麗な野菜や果物は安い。大多数の消費者はその安さに満足している。それが高じると、安価な途上国からの輸入品が増えてくる。農産物のファストフード化である。反面、一部の意識の高い消費者が求める、高質化した市場ができれば、努力する農家の売上が伸び、ブランド化すれば国際競争力もつく。これが、ＥＵの共通市場の中でＣＡＰ（共通農業政策）とイタリア農政が40年前に描いたイタリア農業成長のビジョンだった。そのため政府は、悪貨が良貨を駆逐することがないように、農場から食卓までの安全基準をルール化し、生産者の善意を活かす。

この40年間に、イタリア料理の新しい食文化は、ピッツア・スパゲッティから始まり、より本格的なイタリア・レストランとともに世界中に広がった。そして、世界の人々の食生活を変えてしまった。その上で、より高品質な食材を独占的に供給した。この結果、イタリアの食材、そして多様な農産物の輸出額を伸ばし続けてきた。

世界中にイタリア食文化の裾野が広がった現在では、本場イタリアの農業の役割も変わった。イタリアに世界中から集まる観光客はイタリアだからこそ、本物の味を求める。期待に満ちた観光客の厳しい眼差しに、イタリアの農村が応えるためには、アグリツーリズモと優れた景観、自然の豊かな田舎が要る。イタリアだからこそ味わうことのできる優れた食材を用意する。上手に応えれば、ファッション界を席巻したイタリアン・ブランド並みの売上が、農村でも期待できるのである。実際、インターネットで農産物を直輸入する日本人は増えている。

一方で、今や世界中で日本食ブームである。今後、日本の農業はどのように変わるのだろう。ファストフード化した食材なら日本から届ける必要はないだろう。ブームに連れて、優れた食材とその産地、日本の農村に世界の注目が集まるようになるのだろうか。

第3章

スローライフ志向に応えた地方都市のスローシティ運動

写真3·0　ウンブリア州オルヴィエート市

人口3万人足らずの町ブラの名前は、スローフード運動がなければ、ほとんどのイタリア人は知らなかった。そして、スローフードは知っていてもブラを知らない人は今も多い。ブラはピエモンテ州の、これも知名度の低いクーネオ県にある。そして、今や世界的に有名になった「スローシティ」という取組みに参加する町も決して有名ではない。

そのスローシティ協会の発足が第三の出来事である。それは99年10月15日、スローフード協会に13年遅れたスタートだった。スローフード運動に賛同し、その全国大会で出会ったイタリア各地の小さな町の町長や議員がスローフードを地方都市のまちづくりに活用してスローシティの理念を書き上げた。スローシティ、イタリア語ではチッタ・ズローと呼ぶが、小さな地方都市だからこそ、21世紀に求められるスローライフが実現できると考えたのである。小さいとは、人口5万人以下の規模を目処としている。村と違い、イタリアの小都市には立派な歴史があり、その街並みや建築遺産群を見るとシティと呼ぶに相応しい質の高さがある。滞在先のアグリツーリズモに向かう車窓に広がる丘陵の上にそびえる城壁都市である。小振りだが、立派な市庁舎とドゥオーモ（聖堂）の前には賑やかなカフェや市場が揃っている（写真3・1）。最近はお洒落な店やレストランが増えた。団体バスはめったに来ないが、いつでも観光客がいる町である。隣接する村々のアグリツーリズモに滞在する客たちもよく出かけてくる。

日本と違い、イタリアではこの規模の都市で、現在は人口が増加している。広大な過疎の農村

写真 3·1　小さな町の青空市場

部を抱えた日本の地方都市と違い、近年急速に元気になっている。小さな町は、美しさを目指すスローシティのまちづくりを進め、周辺のアグリツーリズモを支える新しい農業をリードする活動も始めている。何が違うというのだろう。日本でも小さな町の暮らしやすさに注目する人々は増えていると思う。そんな新しいセンスの人々に応えるために、日本の小都市と農村に何ができるのだろう。それを探るためにスローシティを語ろう。

1　スローフードがスローシティに展開したわけ

スローシティは99年、ローマの北150kmほどの丘の上の町、ウンブリア州オルヴィエート市（写真3・0）マンチネッリ劇場で設立された。前年のスローフード協会の大会に参加したオリヴィエート市長ステーファノ・チミッキ氏が、トスカーナ州グレーヴェ・イン・キャンティ市長パオロ・サトゥルニーニ氏らと共にブラの市長に働きかけ、スローフード運動を支える自治体交流組織を立ち上げた。日本でも有名なアマルフィの隣、カンパーニャ州の海の町ポジターノ市がまず参加し、その後、アマルフィ市も加盟した。両市とも良質な柑橘、野菜を生産する。彼ら、全国の小さな町の町長さんや議員はいち早くスローフード運動に賛同していた。そしてスローフードをまちづくりに活用したスローシティの理念を語る会議や全国キャンペーンを続け、現在は70都

写真 3·2　アッシジ市。スローシティでは塀や舗装は地元産の石材で統一し、電線の地中化などの公共空間整備を進めている

市にまで広がった。その後、世界22カ国に広がり、EU以外でも米国、韓国など7カ国が含まれる。[*1]

スローシティ協会はマニフェストで「現代性へのコントロテンポ」をその方針とした。「コントロテンポ」とは、ボクシングやテニスではフェイントをかけるという意味で、音楽用語ではシンコペーションを意味する。グローバル化する現代社会に真っ向から挑むのではない、ちょっと斜に構えて、半拍ずらすように発想を変え、より人間的な生き方、暮らし方を考えようという姿勢である。小さな町だからこそ実現できるスローな暮らしの質は高いはずだ。スローフードの理念から発し、環境負荷を小さく抑え、食に加えて衣食住全体で多様な選択肢を保障し、本物が追求できる。そして次世代に親切なまちづくりができるという。[*2]

この理念は洒脱で穏やかにも聞こえるが、中には鋭い論陣を張る市長もいる。近代農業が大量の農薬と化学肥料で環境を破壊したように、グローバル化した消費社会は車や家電製品など大量の消費財によって、地域と家庭で人々の暮らしを一変させた。世界中至る所に進出したファストフード店やスーパー、量販店が人間らしい生活を破壊したといい、地域性は人間の暮らしの重要な要素だという。世界企業とその製品のための大量の広告物があらゆるメディアに溢れ、至る所で本来の景観を破壊している。だからこそスローフードのように、その土地固有の本物の生活環境を守り、市民にその土地本来の文化と環境を再認識させ、町の個性を受継ぐ人々を支えなければならないという理念である。イタリアの小さな町の市民には、この論調を支持する人が多い。そして、ファストフードと世界的ブランドの飲食料品に対する拒否感が特に強い。一方、車や携帯電話に対しては、それほど抵抗感を示さないのもおもしろい。

理念は崇高だが、スローシティ協会はより具体的で実行可能な課題から取組み始めた。まず、そのコムーネ（自治体）の環境政策で公害を抑え大気や水質を保全し、廃棄物の堆肥化と有機農業を進め、代替エネルギーを備え、ＩＳＯ１４００１を取得すること、アジェンダ21[*3]に加盟していることが協会への加盟条件である。だから70都市の実践で、環境政策はイタリアの小さな町に急速に普及した。もちろん市民の意識を変え、農村部だからこそ環境政策を進めるという認識が広がり、アグリツーリズモの根底に環境意識を植え付けた。

景観については屋外広告物規制が特に厳しく求められている。建設部門では、十分な緑地とバリアフリーの歩道網が整備され、進めた脱クルマ社会を目指すことが不可欠という。一方、市民や訪問者のためには、コールセンターや案内所、快適な公衆トイレが設けられている。自動車については都心から適切な距離に駐車場が用意され、都心は歩行者空間にすることが求められる。それを、美しい都心へのアクセスのしやすさだという。

こうして、イタリアらしい美しい歴史的町並みを守り、都心が安全で静かなことをスローシティの価値としている。また、イタリアには珍しく、行政機関や商店の開業時間にも配慮を求め、役所や店の昼休み閉店をなくそうともしている。市民のためには十分なゴミ分別収集がされ、使い捨ての食器を禁止し、街中の植栽が奨励され、建物にも自然素材を求めている。アグリツーリズモの近くにはこんなスローシティが必ずある。

スローフードから発したため地産地消に熱心で、有機農業の認証を進めるとともに食育を重視し、レストランと学校給食の食材を管理し、そのために地元食材を保護し、地産池消を図るマーケットと、そのプロモーションを進めている。だから地域の伝統食、調理法を復活させ、地域の農産物の調査も行う。さらに食材に限らず、地元の手工芸品の保護推奨の取組みもしている。これがアグリツーリズモ法で示された地域の文化的特色を打ち出す政策につながっている。

また、案内看板や広告の点では、市街地内外を問わず屋外広告物の規制が厳しいことはいうまでもないが、その内容も重視される。世界的ブランド、全国チェーンの広告を嫌い、地元の、特に食品関係企業の広告を優先している。アグリツーリズモなど地元の宿泊施設の案内板も許される。都会の商品を村人に宣伝するのではなく、村の商品を都会から来た人に訴える広告の方が重要だと気づいたからだという。

一方、観光案内標識が国際基準に則しているかも点検される。日本には普及していないが、欧米では外国人にも分る統一されたマークで案内所やホテル、主要観光地が表示されている。同時に、観光案内所や観光駐車場でのガイドが適切か、観光地の説明資料が分かりやすいかも厳しくチェックしている。ホスピタリティとして、観光客が利用する飲食施設の質と価格の管理もする。イベントを開く時には、参加者のアクセスが便利であるかも大切なポイントである。

そして、市民と訪問客にスローシティの取組みを説明し、スローな過ごし方を示す。市民向けには、家族と過ごす時間を充実させるために、子供と参加する各種レクリエーション、高齢者には在宅介護サービスを提供する。有名チームの試合が見られる大競技場はないが、子供が身近で楽しめる小さなスポーツ施設が多い。また、畑仕事を続ける元気な高齢者も多く、畑のない人に市有地の農園を貸し出す町もある。

昔のように大都市の便利さゆえに不便な田舎を捨てるのではない。都会と違うスローな暮らしを選択した市民のことを考えれば、その選択の成果は充実した人生であって欲しい。そのために子供と過ごす時間、独居でも仕事がある老後を提供したいという。もちろん外部に対しても、各種メディアを通じて、町独自のスローな取組みを次々と発信している。

先進的な環境政策と観光政策に取組む自治体は先進国に多く、日本でも珍しくない。加えて、スローシティは地産地消や有機農業など食を重視し、歴史的町並みや農山村景観を守り、障害者や高齢者に優しい道づくりを進めている。理念だけでなく実質的な取組みが充実している。最近では、福祉や教育、文化政策面ではスローで個性的な取組みが増えている。これまで政策面では遅れ気味だった小さなコムーネが、自律的に新たな政策を打ち出した。スローシティ協会は3年ごとに、各コムーネの政策を点検し、スローシティのタイトルに相応しいかを審査している。

このように、コムーネの公共投資を市民の満足度を高めるものに転換したことで、必然的に大規模土木事業が減り、小規模な工事が増えた。だから地元企業の受注も増えた。また、高齢者介護や子供向け、そして観光客用の文化イベントなどに公的サービスの領域が広がり、その質を高めていく中で、地元雇用が増え失業を減らすことにもなった。

この考え方は「コンビビウム（共生体）」と呼ぶ地域経済圏の自立性を高め、グローバル化、ファスト化に少しでも対抗する地域内の流通を確保し、スローフードを守ろうというスローフードの理念に通じる。

大公共事業の獲得で地域の建設産業と経済を潤した従来の政策を、スローシティは市民生活の質向上に向けたことで、個性的な町の未来を描くことができた。実際、スローシティは多くのイタリア人に支持され、日本でも紹介された。では、なぜそんなことが可能なのか、地方の小都市が元気になる背景を探ってみよう。

2　スローな地方小都市の人口が伸びている

スローシティは人口5万人以下を目途とすると述べた。イタリア国立統計研究所（ＩＳＴＡ

T）の国勢調査資料から人口動態を確認しよう。目立つのは、61年以降一貫して人口1万から10万人規模のコムーネが、その数でも人口総数でも増え続けている点である（図3・1、2）。

もちろん、過疎化で500人以下に減ったコムーネ数は増え、今では832もある。その総人口も減った。しかし、人口1万から10万人のコムーネ数が増えている。また、その総人口も伸びている。反対に、10万人以上のコムーネは、数、総人口とも増えていない。

イタリアでは、全国8千100のコムーネのうち、25万人以上の人口のコムーネはローマやミラノなど12しかない。その下の10～25万人規模が33、それ以外の99％8千55のコムーネが10万人以下で、そのうち7千951のコムーネが5万人以下である（表3・1）。だからこの小規模の町がイタリアの代表的なコムーネの姿であり、その中で特に優れたごく少数のコムーネの新しい取組みがスローシテ

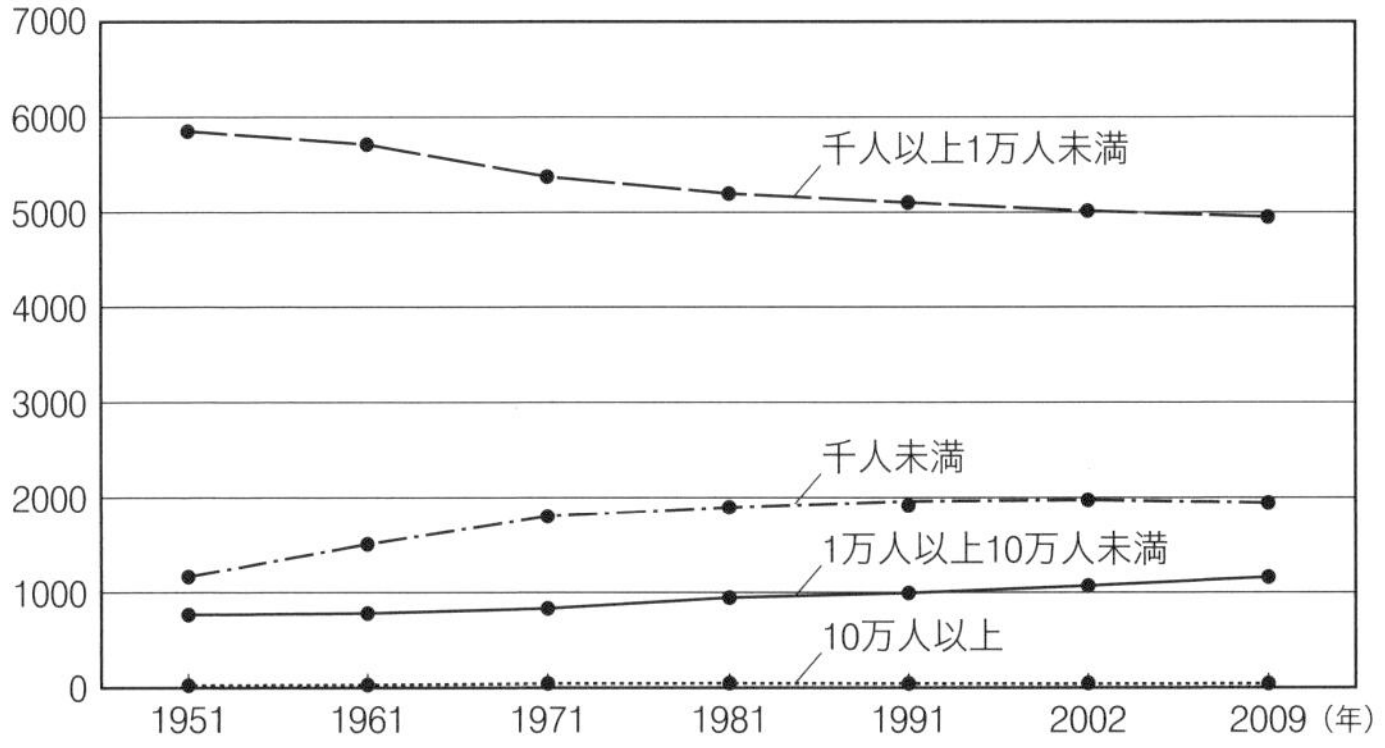

図3･1　人口規模別コムーネ数推移（資料：ISTAT、イタリア政府統計局）

イだといえる。今はそこに人が集まっている。

　この傾向は規模別の総人口で確認できる。伸びがもっとも大きいのは人口1万から10万人のコムーネの人口である。他を引き離し、この規模のコムーネが急速に伸びてきた（図3・2）。51年に全人口の35％（図3・3）だったものが、09年には46％に増加した（図3・4）。同じ期間、10万人以上の都市に住む人の割合はあまり変わらず、1万人以下の町や村に住む人も45％から31％に減った。今も、6千34万人のイタリア人のうち、85％に当たる5千125万人は人口25万人以下のコムーネに、77％の4千636万人は10万人以下の小都市、町や村に住んでいる。3千人以下の村に住む人も全国には9.7％、587万人もいる。だから、イタリア人の大部分は、小さな町や村に住んでいる。

　それにしても、人口1万から10万人のコムーネの人口の近年の伸びは大きい。この間、イタリアの人口はさほど増えていないのだから、大部分は社会増だろう。しかし、出生率を見るとこの規模のコムーネは他と比べて無視できないほどに高い。反面、出生率が低い25万人以上の都市の人口は目立って減っている。71年までは都市化、つまり大都市への人口集中が起こったが、他の国と比べると比較的緩やかだった。そして、71年以降は逆に小都市に人口が戻っているのである。

日本は違うが、実は多くの先進国では珍しくない。

　では大都市はどうだろう（図3・5）。第二の都市ミラノの人口は71年がピーク、最大のローマ

表 3･1　1951 年から 2009 年までの国勢調査による人口規模別のコムーネ数

年	人口規模別階級								合計
	500 人以下	501 ～ 千人	1 千 1 ～ 3 千人	3 千 1 ～ 1 万人	1 万 1 ～ 5 万人	5 万 1 ～ 10 万人	10 万 1 ～ 25 万人	25 万人以上	
1951	325	841	3072	2779	714	53	14	12	7810
1961	491	1017	3090	2623	720	62	19	13	8035
1971	646	1155	2944	2431	769	64	33	14	8056
1981	761	1135	2809	2387	864	81	35	14	8086
1991	819	1140	2721	2381	903	90	34	12	8100
2001	846	1128	2656	2359	974	96	29	13	8101
2009	832	1112	2595	2355	1057	104	33	12	8100

（資料：ISTAT、イタリア政府統計局）

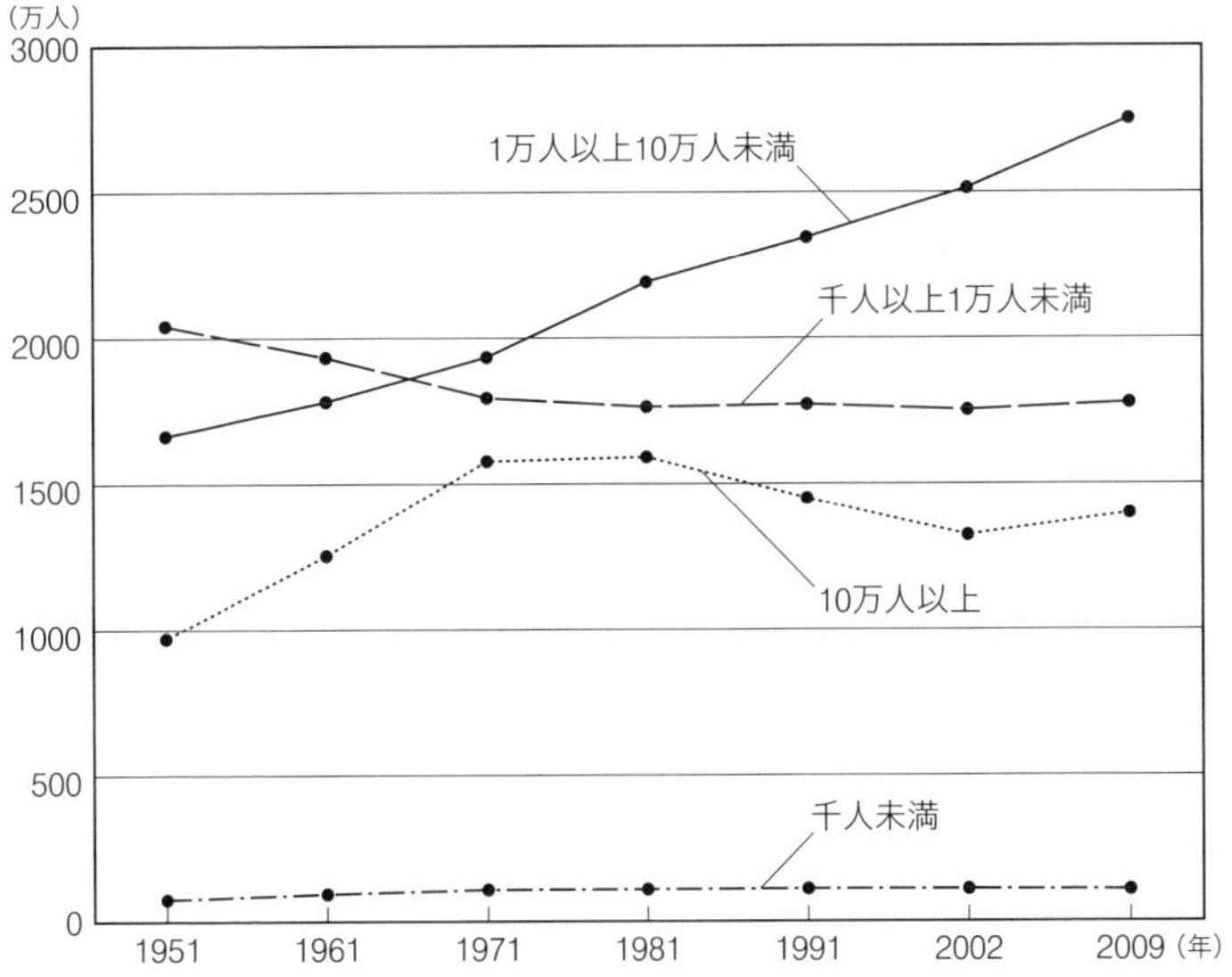

図 3･2　コムーネ規模別人口の推移（資料：ISTAT、イタリア政府統計局）

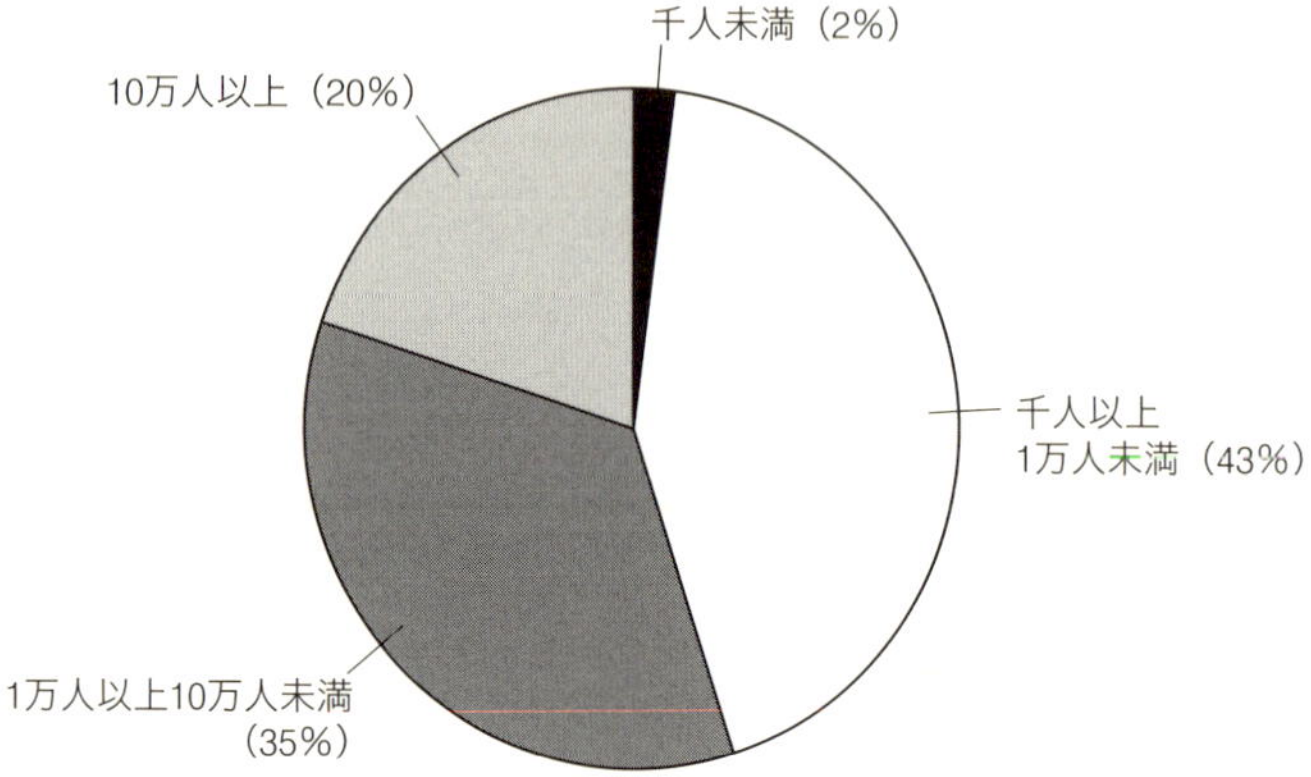

図 3･3　1951 年のコムーネ規模別人口（資料：ISTAT、イタリア政府統計局）

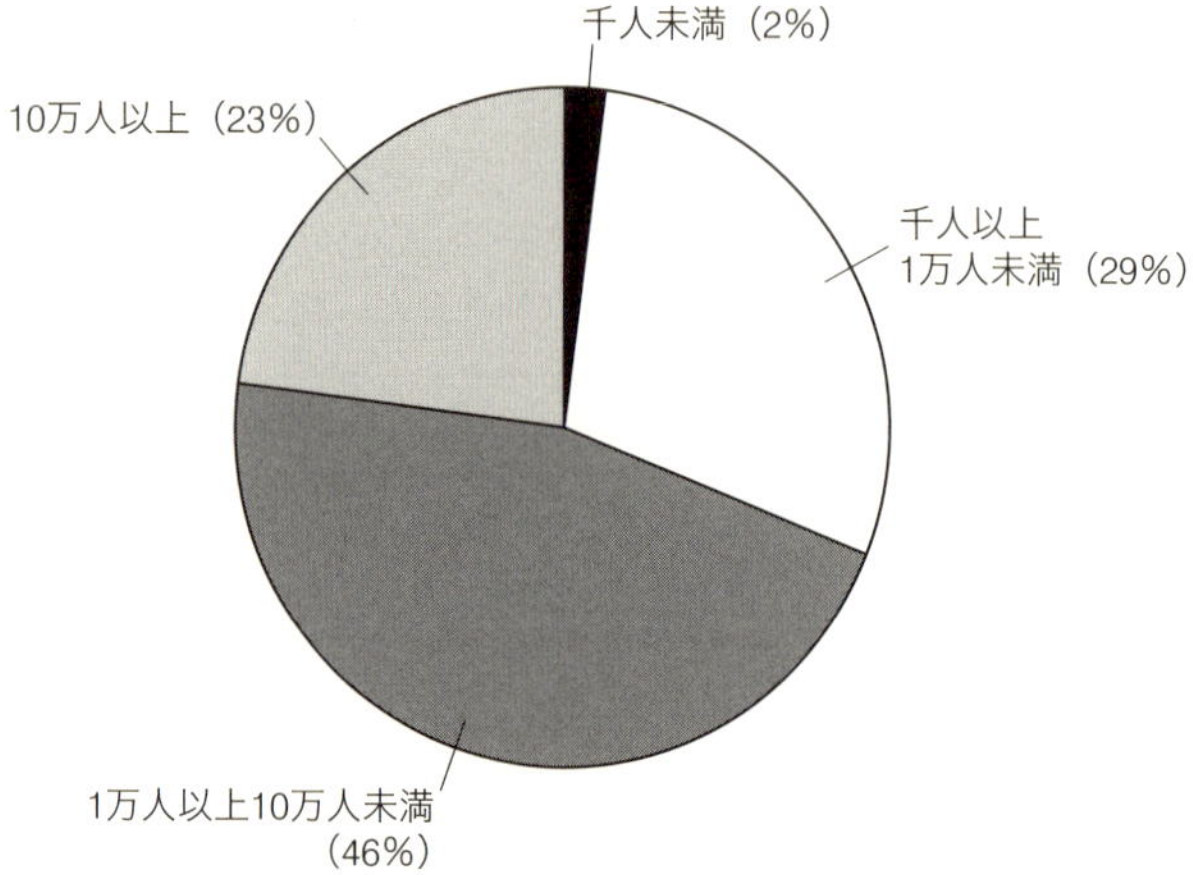

図 3･4　2009 年のコムーネ規模別人口（資料：ISTAT、イタリア政府統計局）

も70年に増加が収まり81年がピークで、その後21世紀には緩やかな減少が始まった。もともと首都ローマへの過度の人口集中はなく、全国の4.5％程度の人口でしかない。他の大都市、ナポリ、トリノ、ジェノバでも同時期に同様の減少傾向が見られる。

北部のミラノ・トリノ・ジェノバは「産業の三角地帯」と呼ばれ、戦後の50〜60年代の高度経済成長を支えた工業地帯である。50年頃には半島南部や島嶼部から移住する人が多かった。しかし、すでに70年代には人口増加は終った。その後、三角地帯に代わる「第三のイタリア」と呼ばれたボローニャやフィレンツェなど中部の地方都市が栄えていた時期があったが、その人口増はそれほどでなく、15大都市[*4]に住む都市人口は71年から減少に転じている（図3・6）。21世紀に入り、大都市人口の割合は、戦前の40年の水準の16％にまで戻った。その反面、10万人以下の地方小都市に住む人が増加したのである。脱工業化社会の逆都市化現象といえよう。

イタリアの人口統計では、国土を山地・丘陵・平野に3分した統計もある。山地では人口は一貫して減少、平野で増加した。その間の丘陵の人口は、もちろん平野ほどではないが増加傾向にある。また、20州別の人口統計に加え、シチリアとサルデーニャなどを島嶼、半島を西北部、東北部、中部、南部に分けた分類もある。西北部が工業化で急増していたのが止まり、中部や東北部の人口が増えている。つまり、半島内陸部のアペニン山系の丘陵にある小都市で、近年、人口増加傾向が見られる。丘陵都市といっても、現在ではその麓まで高速道路や高速鉄道が延びてお

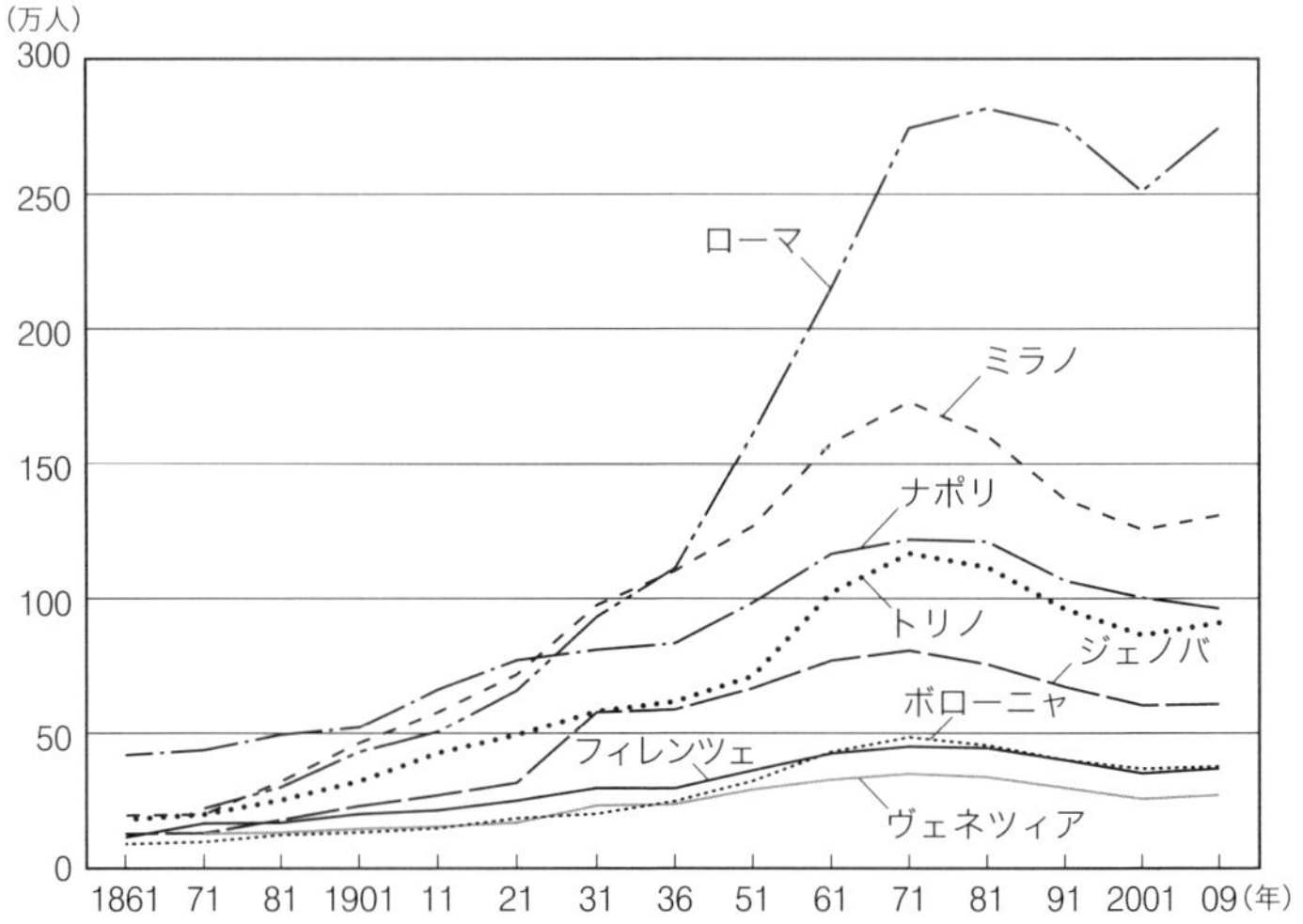

図3･5　市街地人口でみる大都市人口推移（資料：ISTAT、イタリア政府統計局）

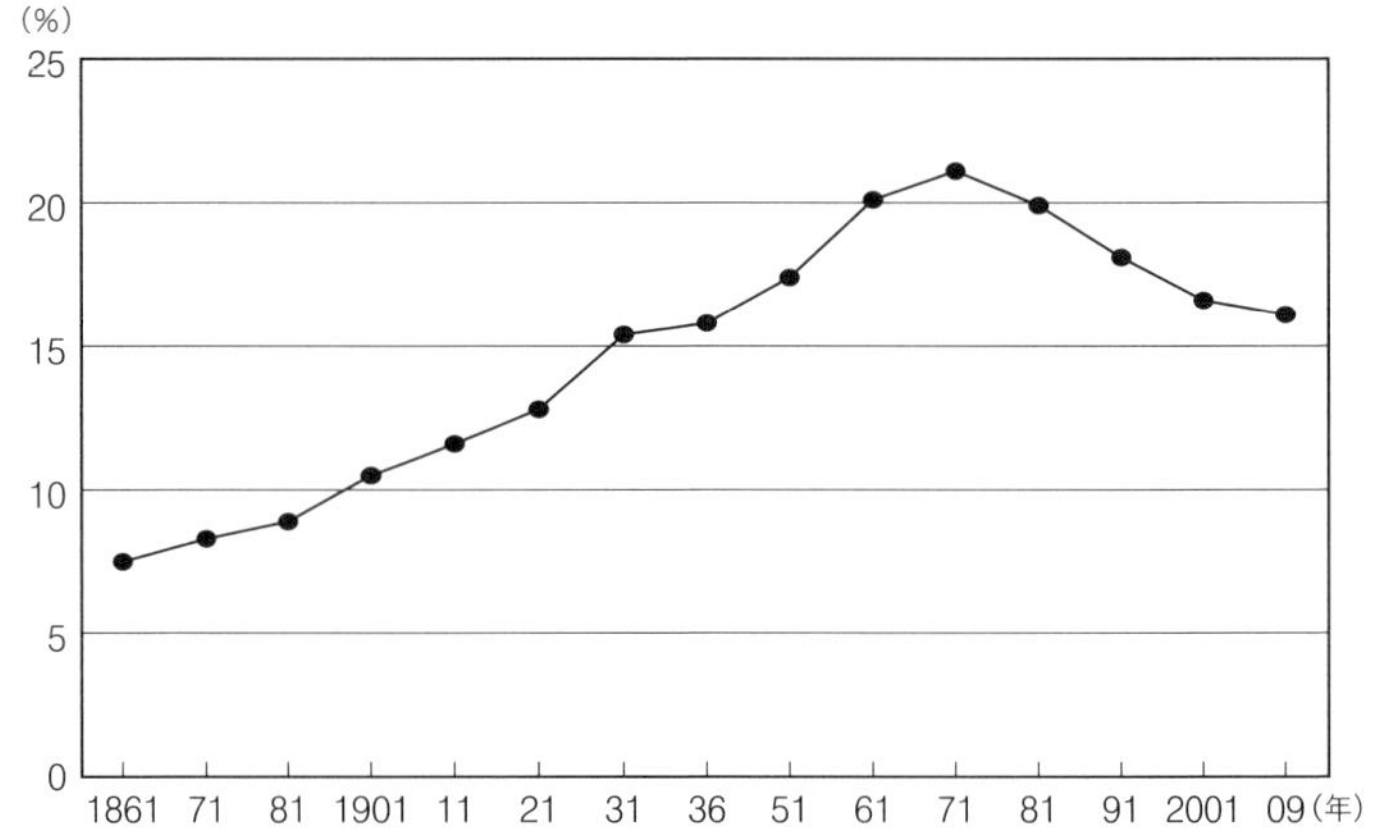

図3･6　15大都市人口が全人口に占める割合の推移（資料：ISTAT、イタリア政府統計局）

り、主要都市との時間距離はかなり縮まった。

一方、イタリア全体では80年代に人口増加が緩やかになり、00年代にやや回復した（図3・7）。80年代を境に、大都市への集中が地方小都市への分散に転じたようだ。その後、小都市の伸びが総人口の増加を支えている。その意味で、まさに地方都市の時代が始まった。それも歴史ある半島丘陵部の小都市で特に人口が増えている。そんな町の代表がスローシティに名乗りを上げたコムーネなのである。

3　スローな地方都市が元気なわけ

もちろん人口増加の背景には相応の経済成長がある。豊かな北部、特に産業三角地帯の北西部、それに次いで北東部、そして貧しい南部、

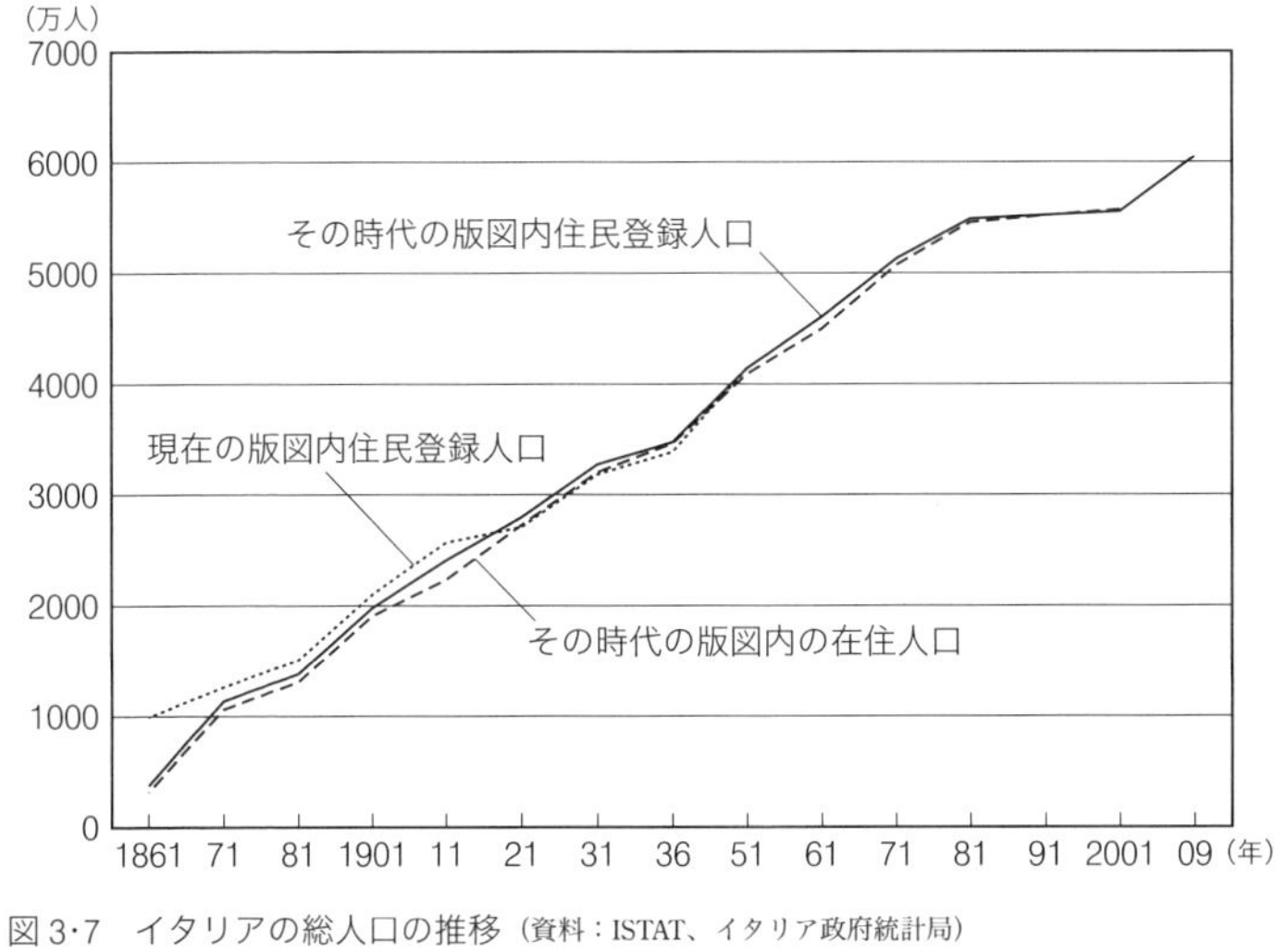

図3·7　イタリアの総人口の推移（資料：ISTAT、イタリア政府統計局）

島嶼部という格差が長年の課題であった。この格差は80年以降縮小傾向にある。政府統計局の国民経済統計による1人当たりの国民所得で見ると、もっとも豊かな北西部を100％とすると、82年には中部は87％の水準、同じく南部は54％、島嶼部は59％と大きな格差があったものが、09年には中部94％、南部57％、島嶼部59％となった。島嶼部では変化が見られないものの、中部では大きく縮小され、南部でも少し改善された。

格差の縮小傾向は、80年代後半、多くの経済学者が説明したように第三のイタリアの成長モデルによるものだろう。ただ、格差縮小の推移をみると、90年代末から急速に縮み始めた。これを説明する十分な知見をもたないが、中部の小都市の近年の元気さがよく現れている数字である。イタリアの経済成長のモデルが変わり、社会も変化したことが、小都市を元気にしているようである。

まず、職人産業と呼ぶ小規模事業所が多品種少量生産に特化して生産性を上げた。次に、産業間、産地間で小企業がネットワークを形成し、協働で技術革新を進め、様々な協同組合を通じて小資本ながら大資本に負けない国際競争力をつけてきた。さらに、戦後の高速道路網の充実と近年の鉄道の高速化で、ネットワークが十分可能になった。これら小企業の成長は製造業だけでなくサービス部門にも波及し、ボローニャやフィレンツェだけでなく、中部から南部までより小さな町の零細企業の多くを活性化させた。近年のＩＴネットワークの普及も大きく影響したのだろう。アグリツーリズモもその小企業の一形態である。

どの国でも、大規模な製造業は経済動向の影響を受けやすい。特に、企業城下町での影響は大きい。しかし、小企業はリスクが小さく、イタリアにはあえて規模を拡大しない経営者も多い。遠隔の企業とネットワークを組む様々な業種の零細企業が集まった小都市では景気動向の影響が分散され、雇用も比較的安定している。零細企業は元々地域に根ざしており、また地域ごとに各種の協同組合を組織し、地域社会との関わりを深めている。遠くの企業とのネットワークで技術革新、利益拡大を図るが、地元の工場は大きくしない。だから周辺の環境も景観も壊さない。雇用は小規模でも、分散した分、安定している。農業分野で同様にこの経営方針をとり、サービス化を進めればアグリツーリズモになる。

90年代はユーロフォリアと呼ばれEU諸国の経済成長が大きかった時代である。その中で、こうした第三のイタリアの効果が地方小都市に徐々に及んだことが、小都市の雇用を安定させ、高い生活の質と相まって、ワークライフバランスのとれた人生を求めるイタリアの若者を惹き付けたのだろう。

第三のイタリア効果はあったが、多くの小都市にある零細企業の雇用吸収力がさほど高まったわけではない。ヴェネツィア、フィレンツェ以外の田舎町の観光業の雇用も多くはない。とはいえ、第三のイタリアと呼ぶ中部の経済成長は、80年から09年の間には、他の地域より高く、1人当たりの所得水準で中部が徐々に北西部に追いついた。この間、大都市の大企業でなく、地方小都市の小企業が成長したことで、地方都市の住民の所得が相対的に上がったのである。これが小都市の元気さを一因であろう。その一端、農業部門ではアグリツーリズモ効果も所得水準を上げている。

グローバル化に対応して輸出を伸ばしているのは一部の優秀な小企業だけではない。農業部門の輸出の伸びも大きい。有機農業が輸出で稼ぐように、農産物と農産加工品の輸出が近年まで伸び続けた（図３・８）。その代表はワイン・ベルモット類である。70年代から80年代に伸びたのはＥＵ内の貿易自由化の影響だった。主に、フランスやドイツワインの原料としてバルク（樽）で輸出した分である。この時期には輸出量が増えた。90年代の伸びは、銘柄付イタリアワインが売れたからで、値段も高い。量が減っても金額が伸びた。

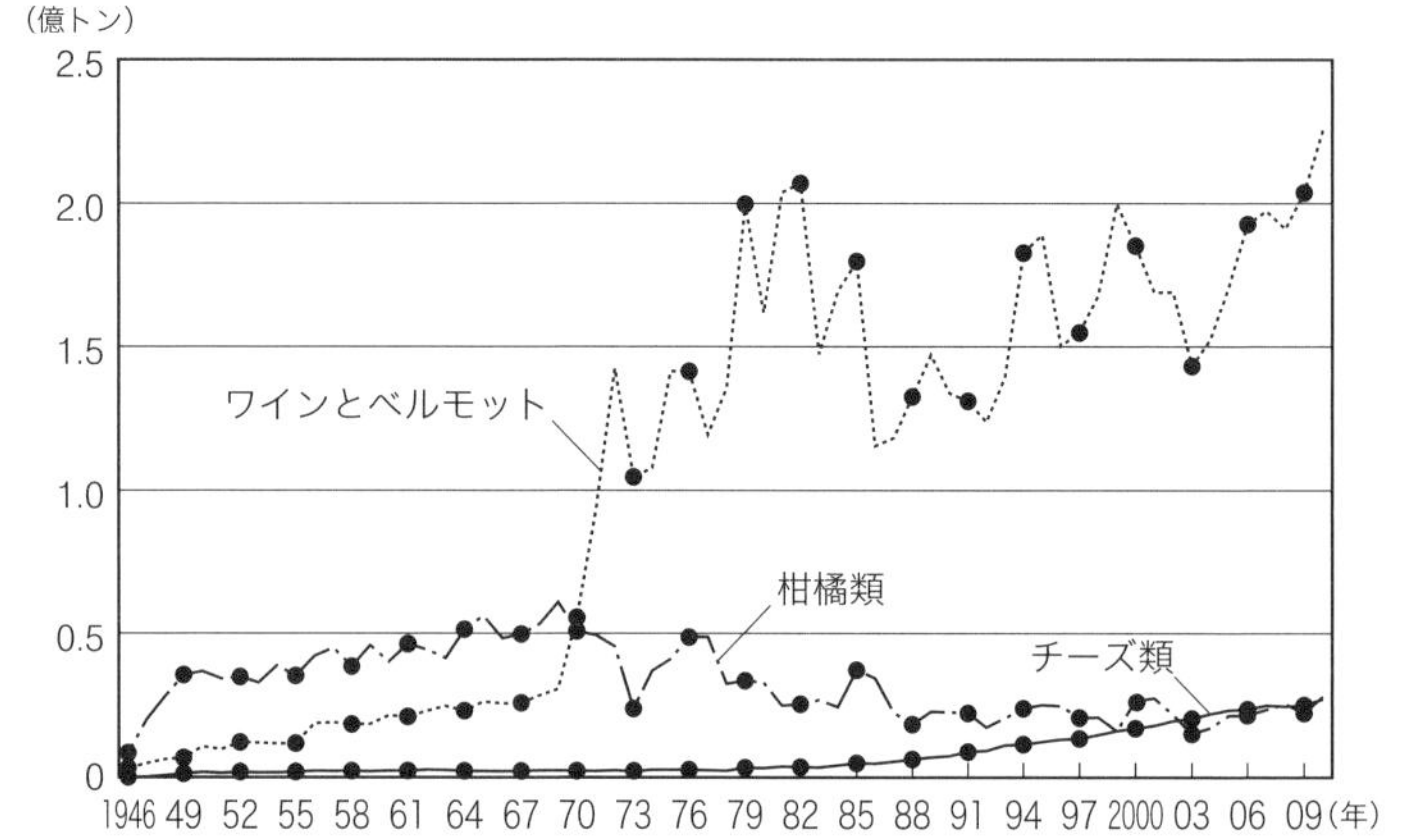

図3・8　主要農産物輸出額推移（資料：ISTAT、イタリア政府統計局）

今やイタリア最大の輸出品である。総量でこの40年間で7倍近く伸びた。チーズ類は、総トン数では少ないが、40年間で12倍も伸びた。それに比べて、柑橘類など青果の輸出は安定してはいるが、それほど伸びていない。ワインもチーズも当然ながら、大工場でなく、全国各地に分散した小規模な加工場から出荷される。農産加工部門の伸びが地方の雇用を下支えしている。

とはいっても日本と比べれば雇用は少なく、失業率も比較的高い。もちろん農業人口も減少の一途、農村部の10万人以下のコムーネでも農業従事者の数は減った。1万人以下では過疎高齢化で年金生活者ばかりが増えた。そんな状況の中でも、柔軟に仕事を創る知恵がイタリア人にはある。たとえば、過疎の村でもパン屋や八百屋など零細な店を続ける若者がいる。イタリアのパン屋は製造直売が当り前、八百屋も地産地消で有機野菜に特化している。小さなレストランも各地に増えた。もちろん地元の食材を使った地元料理が多い。農業を始める若者も少なくない。

背景には、サラリーマンとして就職先を探すのが困難なため、小さくとも起業せざるをえない厳しい現実がある。脱サラして大都市から移り住む人も、所得は低いが様々な仕事を自分で始める。アグリツーリズモの経営者は大都市から移り住む大きな集団の一部である。その他の移住者も、消費者として、また生産者としてスローシティ活性化の原動力となった。

若い失業者の再就職訓練では、歴史的建造物、町並みの修復の仕事も教える。また建物だけでなく、古い家具や農機具の修復を教える学校もある。80年代に私が下宿した家族の息子は、兵役を済ませた後、ピサで家具職人、それも骨董家具の修理の訓練を受けた。今では、車で田舎の村々を回り、壊れた家具を仕入れ、自分で直したうえで骨董品として売る。市内に店を構え、若い職人を抱えた立派な親方に成長した。彼の商品説明はやや胡散臭い。しかし、歴史的な町には大きな骨董品市場がある。きれいに修復された家具はよく売れる。中でも、磨き込まれた聖具は掘り出し物、特に高い。最近ではかなり遠くまで出かけないと、壊れた家具を仕入れられなくなったという。

アグリツーリズモでは骨董家具は必需品である。もちろん自家製では足りないので、部屋数を増やせば、彼の店に買いに来る。トラクターや脱穀機、ブドウ絞り機などは自分で直して展示する。納屋の奥で見つかった機械が動けば、使って見せることでメニューに彩りを添える。チーズ一つ切るだけでも、古めかしいナイフをありがたく使うのである。

農業振興や工業化を図った時代には若者の技術教育が重視された。しかし、これらの分野では、EU諸国と日米に加え、今や新興国との国際競争が激化し、イタリアには不利な点が多い。実際、企業の合理化が続き失業者も増えた。第三のイタリアが示した活路は、製造業もサービス業もニッチ市場に小ロットの製品を送ることで、イタリアらしさを活かす職人技術にあった。イタリアの特技は、ファッションや家具、食品など、市民生活を豊かにする分野で発揮される。失業の増える分野で職業訓練をしても意味がない。地域の特長を活かす訓練が求められる。美しさや美味しさで世界の市場を席巻する技能訓練にはいろいろな工夫があるだろう。イタリアの文化的特長は、ミラノやローマよりも地方都市に豊富にある。実際、そんなイタリアの地方の小都市や田園の魅力ゆえにアグリツーリズモも盛んになったのである。

技術革新といっても工業化の時代のように、生産量を増やすだけではない。脱工業化社会では、暮らしの質やサービスの質を高める技術、工夫が革新である。この革新が雇用を生み、若い労働者の創造性を刺激し、地域の産業を育てている。地方都市の個性ある歴史的環境が守られたから発達したのだろう。町並みだけでなく、骨董品も揃っているからこそ、外も内も立派な歴史都市になる。小さい町だから身近な古家で歴史を感じる快適な暮らしができる。この仕組みを助長することがスローシティの狙いだといえる。

スローシティは、そのマニフェストに示されたように、歴史的町並みと骨董品に加えて、食品・食材と農業、工芸品にも力を入れる。手間をかけることでコストが上がっても質の高いものを相応の値段で売る。今では大量にモノを欲しがる客はいない、少ないが質のいいものを求める客が増えた。市民の感性が豊かになったのである。これが、高度消費社会に対応する地方小都市の振興政策なのである。町並みを守ったからこそ、次のステージとして創造的な産業振興ができる。アグリツーリズモとスローシティは相互に補完しつつ、創造性を競い合い、守り育てられた地域の文化力を発信している。

4　市民が果たした役割

イタリアの都市では、71年の公共住宅改革法と78年の公営住宅建設計画法を契機に、都心部に残る小規模な歴史的建造物の集合住宅を再生する市営住宅整備が始められた。[*5]ボローニャやローマの例をよく紹介するが、もっと小さな町にも町並み再生公営住宅がある。

その後、様々な制度改革があり、都市計画、住宅行政の地方分権化も進んだが、都心の老朽住宅再生は80年代以降、21世紀になった現在でも、小さな町で少しずつ進んでいる。むしろ、大都市ではジェントリフィケーションと呼ばれる高額所得層の都心回帰が進んだために、都心住宅再生には民間事業が多いのに、小都市の都心では低家賃の公営再生住宅が増えつつある。そして80年以降、郊外住宅開発は低調、制限もされたために、民間でも公共でも新築は少ない。

今ではすっかり定着した歴史的都心部の再生は、都心の住宅再生と市街地のコンパクト化を進めた。地方の小都市では、過度な観光地化やジェントリフィケーションは起こりにくい。そんな町がスローシティを目指せば、孤独になりがちな現代人が求めるスローライフを提供できる。

だから小さな町でも都心再生にあわせて、都心の自動車交通規制が広がった。アスファルト舗装を石畳に戻す折に車止めの大理石のボラードを置いた。町並みの修復、都市デザインの改善で、小さな町が美しく再生された。こうして、大規模公共事業や企業誘致は減ったが、市民の身近な生活環境が目立ってよくなる方向に公共投資が集中してきた。イタリアのことだから、公共サービスの改善は遅々としているが、小さなコムーネの教育・文化・芸術分野への投資も増え、医療、育児や介護支援も充実してきた。また90年代後半には、環境への配慮が進み、自然エネルギー利用、リサイクル、緑化などの効果も出てきた。

この背景には市民の果たした大きな役割がある。自らが住む都心の問題に発言し、率先して行動する人が増えたのである。70年代までの政治の季節は遠く過ぎ去り、多くの市民が労働組合や政党との関係を失った。そのため、党派や組織に関わりなく、交通や環境、まちづくりの問題に個人として関心をもつようになった。大都市と違い、小都市で暮らす市民には家事と仕事以外のゆとりの時間が多い。近隣の住民や友人と語り合う時間もある。地区やコムーネの会議も自宅や職場の近くで開かれるため発言しやすい。小さな町では市長も数少ない市会議員も身近にいる。一つ一つの問題のための合意形成の時間がある。

なかでも大都市から移り住んだ人や外国人は、特に熱心に発言する。70年代末頃から、住む人のいない農家を改装して住みつく若者が出てきた。80年代にはUターンやJターン者が増え、外国の若いアーティスト、年金生活者が増えた。彼らは都会的な改修、改善の感覚を持込み、現実的でかつ創造性豊かな解決方法を提案する。彼らが過疎化と高齢化を押し留めたのだから、彼らの価値観が多くの市長たちの意識を変え、一部の感性の豊かな市長たちがスローシティを提唱し始めたのである。

スローな暮らしを求める人は増えている。だからこそスローなまちづくりを望み、大量生産・流通・消費型社会を避け、食だけでなく、生活に関わるすべての点で効率性と均質化を避ける。量販店でなく、地産地消の店を増やし、大型ホテルでなくアグリツーリズモ、それも創造的に工夫を重ねたもてなしを求めて、小さな町に来てくれる。

70年代に、歴史的都心部の保存は、都心部を捨てて郊外を開発することの社会的、経済的な浪費、そして文化的な損失を嘆く主張から始まった。同時に、イタリア全土に多く残るほどよい大きさの暮らしやすい町を失うことの浪費を訴えていた。大都市にではなく、小さなスローシティでこそ豊かな人生を送れるという人々の価値観が、90年代以降、イタリアの地方都市を変えてきた。そして、イタリア全土の農村を失うことを避け、農村の魅力を、市民との交流を重ねつつより多くの市民に伝える役割を、アグリツーリズモが担っている。

5　衣食住に広がるスローライフ

スローという概念は、フードとシティの他にも様々な価値観の転換を指すようになった。根底により本質的な価値観の転換があるからである。ファストフードやインスタント食品、多国籍食品企業の製品に対して提唱されたスローフードは奥深い理念である。オーガニック（有機）、地産地消のネットワークづくりの取組みはそれぞれに多様である。スローファッションは、オーガニック・コットンなど選ばれた自然素材を使う。伝統衣裳をリバイバルさせる取組みもある。また、過度なカジュアルをアメリカ的だと嫌い、手間のかかる服装やフォーマルでクラシックなスタイルを文化的にスローだとする向きもある。

同様に建築の世界では近代合理主義に代わって、民家や歴史的建造物の再生が広がってきた。欧米先進国に限らず、アジア・アフリカ、中南米の国々でも保存された歴史的建造物を活かしたまちづくりが一般的になってきた。都市計画も工業都市や郊外のニュータウンの合理的な計画が見直され、歴史的都心部の再生が進み、住居と経済活動の都心回帰が進んできた。

ファストとスローを対比すれば、農業でも製造業でも、また観光でもスローな方向を模索する一連の流れが相互に関連しあって地域づくりの新しい潮流となっている様子が分かる（表3・2）。アグリツーリズモは代表的スロー観光の一つだといえる。観光に限らず、ライフスタイル全体でスローを求める人々が大都市から地方に、小都市に移り住むほどにまで変化は進んできた。

地方移転や地元回帰の傾向はイタリアだけでなく、日本でも始まっている。若者の地元定着率が回復しているという。ただし、女性と男性の定着率が逆転、最近では女性の方が地元に戻りにくい。地方では長年、農業と製造業振興が中心でサービス業が未発達なため、特に高学歴の女性、創造的な女性の職場が少ないからだという。日本の農業はまだ男性中心である。

長野県飯田市は、環境先進自治体として有名で、ファームステイにも熱心である。市が農業振興の一環として「ワーキングホリデー飯田」で無償ボランティアの援農を集めている。また、都会に出た地元出身者とその配偶者のために、出産育児の期間、都心の市営住宅などを提供し、実家近くに住んでもらう「カムバック・サーモン」政策を始めるという。夫は都会に母子は飯田に住む。出産後は街中の蔵を改造した保育所に子供を預け、都心でコミュニティ・ビジネスを始める人もいる。夫婦そろって定着する人もいるだろう。

一方、京都府内でも新規就農する女性が出ている。

表3·2　スローとファストの違い

ファスト		スロー
ファストフード	外食	スローフード
インスタント食品	内食	オーガニック食品
カジュアル	衣	自然素材、ファション文化の多様化
近代合理主義建築	住宅	伝統建築再生、町並み再生、町家レストラン、町家・民家再生
高投入(高収穫量)·高収入の集約農業	農業	低投入（低収穫量）・中収入の環境保全型農業、有機農業
大量生産・大量消費・大量流通	工業	多品種少量生産、職人企業、産業地域ネットワーク
機能主義・土地利用の純化、工業都市、世界都市	都市	歴史都市再生、ミックスト·ユース(混合用途)、脱クルマ社会、創造都市
マスツーリズム	観光	オルターナティブツーリズム、アグリツーリズモ、エコツーリズム

農業新聞によると年配の男性が圧倒的に多い全国の農業委員会に女性メンバーが見られるようになったという。もちろん、アグリツーリズモが発達し、女性が力を発揮するイタリアと日本の農村にはまだ大きな開きがある。日本の農村、農業界にはスローへの転換を阻害する抵抗勢力が強いと思う。ただ、日本の農村も変化を避けては通れない。早いか遅いかの問題ではないかと思う。

この転換はより本質的な暮らしの変化とも関わっている。この間、イタリア人の生活も急速に変わった。日本を始め多くの先進国と比べると緩やかではあるが、核家族化からさらに孤族化と呼ぶ独居世帯の増加が進んだ。1901年のイタリアで一般世帯に占める独居世帯割合は9%だった。それが81年18%、91年21%、そして01年に25%に増加し、この勢いがまだ続いている（図3・9）。日本の10年国勢調査の速報値では独居世帯割合が31%となり、初めて3割を超えたという。日本よりは緩やかだとは思うが、今ではイタリアでも3割弱になっているだろう。

これは、女性の社会参加で非婚化が進み、離婚率も上昇したからだとイタリアでも説明される。カソリックの国イタリアでも法改正で離婚は比較的容易になった。全国百組の夫婦中、83年には1.3組だった離婚が、09年には5.5組にまで増えた。

昔から家族を大切にするイタリア人の暮らしも、こうして大きな変化に晒されている。押し寄せる現代人の孤独を現代都市社会で凌ぐのは厳しい。しかし、スローシティでスローライフという人生を選択すれば、一人もそれほど悪くない。歩いていける範囲に生活に必要なすべての機能が揃っている。職場や学校、銀行・郵便局、店やバール、レストランだけではない。家族・親戚、友人たちが住んでいて、保育園の送迎にも歩いていく。高齢者は多いが、いつもの道筋では見知った隣人と挨拶を交わす。つながりやすいこの日常が、離婚の増加や失業など孤独になりやすい個々人の暮らしを和ませている。母子家庭や女性の一人暮らしはイタリアでも多くなった。離婚した中年男性も多い。豊かで恵まれているからではない、何かを欠いた暮らしを強いられるから、質の高い暮らしを求める人がいる。スローシティは、こんな根の深い社会の変化に対応したイタリア人の暮らしの知恵なのだろう。スローへの転換はイタリアの村づくりの流れを大きく変えた。私はやがて日本の地方都市、農村もスローな方向に向かうだろうと思う。現代の日本人にはスローが必要なのである。

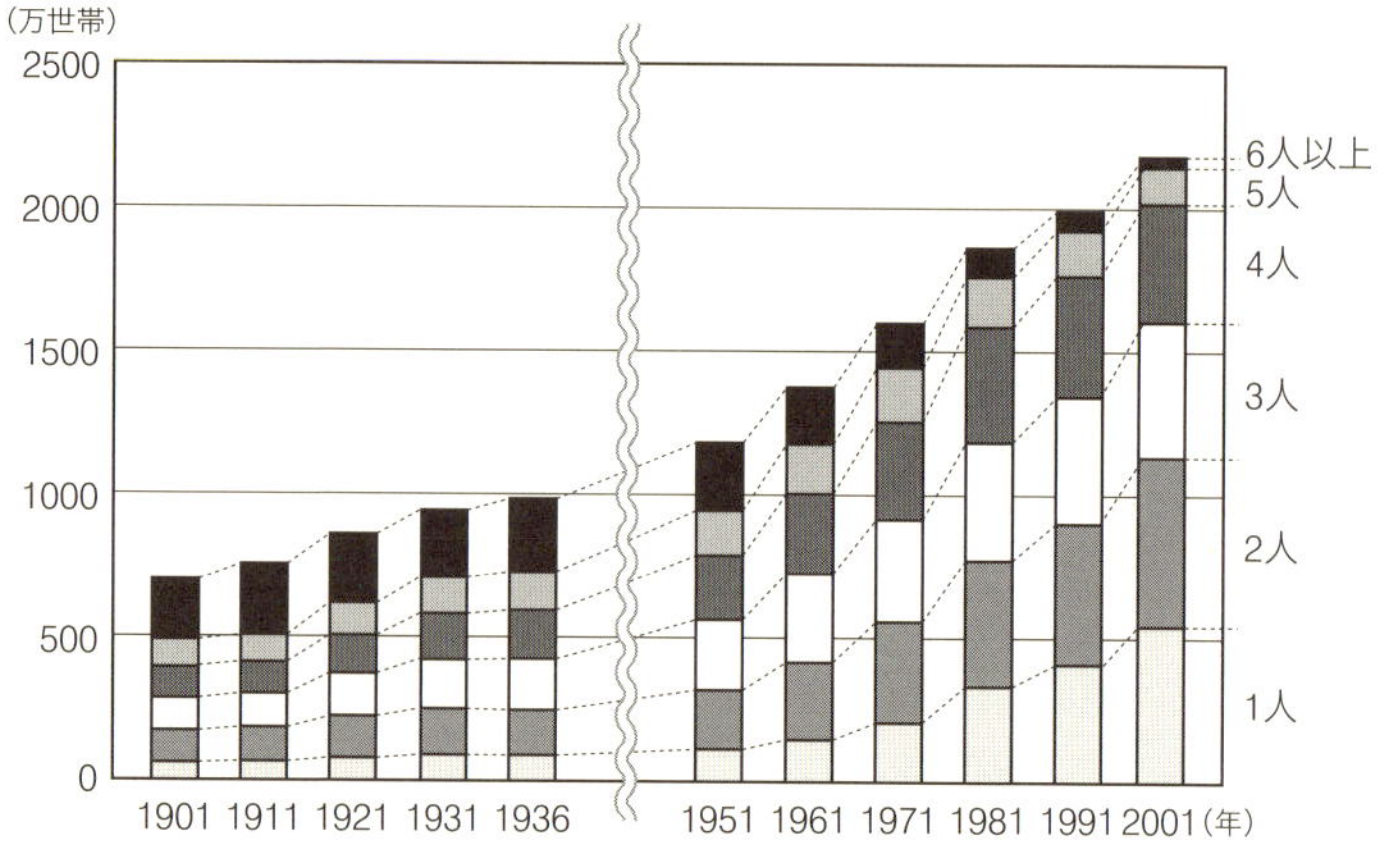

図3·9　世帯人数別家族数の推移（資料：ISTAT、イタリア政府統計局）

第4章

オルチャ渓谷の住民による世界遺産の登録

写真4·0　アグリツーリズモのレストラン内部。納屋を改造している

美しく元気な村づくりは、イタリアだから可能で、日本ではまだ早いと私も思っていた。しかし、そうでもない。すでに05年から「日本で最も美しい村」[*1]連合が活動している。そのリストを見ると初めて知る名前の町や村が多い。無名だが、これらの村々は美しさゆえに移り住みたい人の熱い注目を集めている。連合の村々は、自然環境を守り、質の高い農業を目指している。イタリアのように小さいから美しい、小さいから暮らしやすいことを見出す人々が少しずつではあるが、増え始めている。

一方、04年の景観法制定で、今や800を超える自治体で景観計画が策定された。同時に改正された文化財保護法で農山漁村の景観を文化的景観として管理する制度も始まった。さらに、07年制定の歴史まちづくり法も、ゆっくりとではあるが着実に広がりつつある。農林水産省は、08年に農村の景観配慮マニュアル、10年に農村景観技術マニュアル・デザインコードを出している。

とはいうものの、まだ日本の村々が美しさを取り戻すためには何かが欠けている。まず気にかかるのは、国民の美しさへの関心の低さである。もちろん、農村の美しさを愛でる人は増えているから美しい村連合の活動も始まった。一部の熱心な人々の取組みは進むが、国民の多くが美しい農村を切望しているとは思えない。日本の農村の住民に美意識がないとは言わないが、景観保護への関心はなぜか低い。

一方、アグリツーリズモが盛んなイタリアには美しい町や村が多い。観光客の話題にもよく登場する。アグリツーリズモを経営する農家だけでなく、関係のない農家も厳しい規制を受け入れているように見える。なぜイタリアでは美しい農村への関心が高まったのだろう。規制を受け入れたのだろう。この章では、国土の美しさをイタリア人が再発見し、それを追求した物語を紹介したい。

1　厳しくて柔軟な農村部の景観保護

フランスは日本の約半分、6千545万人の人口で、コミューン（市町村）数は3万8千、その9割以上は人口2千人未満の小さな村である。[*2] そのフランスで、美しい村連合が始まった。[*3] フランス全土で200を超える小さな村々が、田園観光の本場らしい村の美しさを大切にし、グリーンツーリズムを中心に多くの訪問客を集めている。

そして、イタリアにも美しい村連合[*4]ができた。イタリアの人口は5千987万人でコムーネ（市町村）数は8千100、フランスの5分の1、そのため人口2千人未満の条件はやや厳しい。そこで、1万5千人程度のコムーネが含まれるが、その中の小さな集落を美しい村に選んでいる。

フランス同様、田園観光振興が活動の中心だから、インターネット上はもちろんのこと、様々な意味で、アグリツーリズモとリンクしている。当然優れた農産物を販売している。

ところで、歴史都市の保存に熱心なイタリアでも、国土の景観保護が制度として整ったのは実はそう古い話ではない。85年の法律431号「環境価値の高い地域の保全のための緊急措置令の法律化措置法」、通称「ガラッソ法」[*5]の制定が転機である。イタリアの文化財環境財省が上程したこの法律で、イタリアの各州政府は景観計画の策定が義務づけられた。つまり、美術館や歴史的建造物が並ぶイタリアの都市なら当然としても、普通の農山漁村にも景観保護のための土地利用規制が求められたのである。アグリツーリズモはまだ成長し始めた所だった。ガラッソ法がその効果を発揮するまでには、さらに10年以上を要した。

しかし、それに伴う土地利用・建築規制が農村部で容易に受入れられたわけではない。景観の意味が広く国民に理解されるのにも長い時間が必要だった。

規制を受けるとは言っても、アグリツーリズモ施設には85年アグリツーリズモ法と同じ年にできた都市計画・建築の諸規制に関する枠組法[*6]で免除規定が設けられている。つまり、アグリツーリズモ法に定める農家、農業法人自らが使用する既存建物では、建蔽率・容積率を超えない範囲では改築・建替が許され、同一経営者が使用する場合は、建物の用途変更もできる。また、衛生設備の改善はもちろんのこと、関連建築物の修復・再生も許される。ただし、その土地の農家としての「建築類型」を尊重しなければならない。といってもそれほど厳しくはない。歴史的都心部の建築類型と違い、出入口や窓（開口部）、屋根・軒の設置、テラス・バルコニーとその上屋も新設できる。これは、かなりの改造になると思うが、専門家が管理し、その手になる報告書を後で出せばいい。

イタリアでは長年この建築類型の研究が進んできた。都市でも農山漁村でも、気候等の自然条件、社会経済条件に則したより合理的で、結果としてその土地に共通で、他地域とは異なる空間構成の建物、いわゆる伝統的建造物がある。その空間構成の類型を尊重することで、外観だけでなく、建築内部でも歴史的特徴を保存する。これは歴史都市では重要だが、納屋や畜舎を含む農村の農用建物の場合ではやや緩く適用する。窓や出入口の新設を認めないと居住性は確保できず、建築基準を満たさないから転用できない。現代の社会的要請に沿って、次世代の類型に進化するという緩い解釈がされている。

建築類型ともう一つ、敷地を「都市組織」と呼び、歴史的都心部の保存計画とデザインガイドラインでは、これら二つを尊重することが求められる。しかし、農地の中に独立して建つ一軒の農家、あるいは同一敷地内に納屋・畜舎等を備えた一家族・経営体の、純粋な農業用建物群では、これが免除される。隣接敷地に建つ建物と一体の町並みとなっていないので、都市組織の保全を厳格には求めない。

さらに、この範囲であれば、一般市街地での建築行為と違いブカロッシ法[*7]による建築負担金、都市計画税が免除される。事後報告は求められるが、申請さえすれば建築許可を待たずに着工できる。村のはずれにあるアグリツーリズモでは、建築負担金を義務付けるほど都市施設は整備されていない。景観計画のデザインガイドラインや文化財保護区域の規制はかかるが、市街地と異なり、同一敷地内では増築（新築）許可もでる。[*8]

これは、アグリツーリズモを経営する農家にだけ、その宅地内でのみ許される例外である。農地の宅地転用はできないので、隣接する農地での建築行為は一切許されない。あくまでも農地の中に独立して建つ建物の話で、イタリアに多い農村集落内の一般建物には適用されない。農村部でも複数の建物からなる集落では、建物は原則、現状維持が求められるし、そもそも農地に接していないからアグリツーリズモ施設にはならず、農家が経営していても普通の宿泊施設、レストランと見なされる。

すでに述べたように、アグリツーリズモ法は、経営者と従業員の社会保障制度の充実と宿泊施設や飲食業に関わる保健・食品衛生、防火、建築規制の緩和を定めた。緩和対象は厳しく限定されるが、アグリツーリズモ施設になれば、そのメリットは大きい。しかし、この限定が効き、昔のリゾートホテルの乱立のように、緩和による景観破壊は起らなかった。農地での建築行為が厳しく規制されているからである。

実際、アグリツーリズモには新築が多く見える（写真4・1）。法律上は、既存建物があって初めて建築が可能なのだが、土台の一部が見つかった程度でも既存建物として認められるからであ

写真 4·1　トスカーナ州のアグリツーリズモ施設の工事

る。昔の農家なら備えていたはずの納屋、馬小屋も昔同様と思われる範囲の容積であれば、修復と呼ぶ再建がなされ、宿泊棟やレストランに用途変更もできるのである（写真４・０）。

　また、建築類型を尊重すれば、構造部は更新できる。つまり平面構成を変えなければ、脆弱な農家の壁や梁、柱を強化するために建替えられる。だから、簡単な矩形の鉄筋コンクリート構造に中空レンガの壁を建てる。建物の外壁にはレンガや石を張る。建築類型は維持され、外から見ればよく保存された古民家同然に見える。逆に、室内設備は低コストながらも完備されている。アグリツーリズモ事業者にとっては都合のいい制度である。

　そのため、更新された宿泊施設は一流ホテルとまではいかなくとも、日本のビジネスホテル以上に整った設備である。もちろん、日本のビジネス

写真 4·2　アグリツーリズモ客室　4 人用（上）、2 人用（下）

ホテルと違って部屋は広い（写真4・2）。そして、窓の外には見渡す限りの広大な田園風景が広がっている。

アグリツーリスト協会もこの点は認めている。人気の高いアグリツーリズモの中には、施設更新を繰り返し、そこに既存の建物、その痕跡があったのか疑わしいものもある。しかし、何十年かぶりに人が戻り、耕地が回復するのだから、このような時代に即した農園の活性化こそが狙いだったという。

また、民家と付属施設の活用は、フィレンツェやヴェネツィアの歴史的都心部の建造物保存修復の手法とは別だともいう。中にはその歴史的価値を損なうほどの改築も見られるが、農村では大局的な意味での歴史風致を守る程度に外観が維持されれば十分だという。農閑期の短期間に地元の建築事務所と職人に頼んで増改築してもらう。[*9] 建築類型の尊重は知っているが、皆が美的感覚を備えているはずもない。だからアグリツーリズモの中にはセンスの悪いものもある。

実際、80年代には、納屋や畜舎の2階に客室を設けただけの質素な施設（写真4・3）が多かった。そんな真面目なアグリツーリズモにも泊まったが、決して快適ではなかった。反対に、農家を改築したプール付プチホテルを建てた快適な宿にも泊まった（写真4・5）。景観規制でプールを禁止した州では、経営者が裁判を起こし、プールの是非を巡って憲法裁判所（上告審）まで争った。長い論争の末、規制は無効との判決が出た。アグリツーリズモとはいえ農家の一部、農民

写真4･3　家畜小屋を改造した1980年代のアグリツーリズモ、ロンバルディア州

写真4･4　納屋を増改造した1990年代のアグリツーリズモ、トスカーナ州

写真 4･5　景観保護の論点から是非が争われたアグリツーリズモのプール、トスカーナ州

が自宅にプールを備えて悪いはずがない。しかし、アグリツーリズモは質的に進化し、今ではプールは減った。客の要望も高度化し、施設のデザインも改善された。今では人気の高いアグリツーリズモは快適な客室を備え、上手に農家の雰囲気を演出している。特に21世紀以降、トスカーナを中心に美しい施設が増えてきた。

景観計画制度は農地にも土地利用規制を広げた点に効果があった。建築規制は、農家の建物にもデザイン規制を広げた点に効果があった。とはいえ、その規制が緩和されたアグリツーリズモ施設の美しさは、規制の効果だけでなく、経営者の自発的意思も大きく働いたといえる。そんな経営者の背後では顧客の希望も働いただろう。両者の意識の根底では、スローフードやスローシティを志向する大きな市民意識の転換もあっただろう。

アグリツーリズモは農家の副業である。だからといって経営効率を高めるために、規格化された客室が並ぶ個性のない宿舎を建てても仕方ない。副業なのだから、宿舎を大きくして大量の客を受け入れるつもりもない。家族と馴染みの従業員で経営できる規模がいい。だから、旅行社に頼んで団体客を受けることもない。違いの分かる限られた客だけを狙って、リピータを獲得する。第三のイタリアで活躍した家族経営の職人企業と同じ発想である。この発想がアグリツーリズモの質を高めてきたのだろう。そして、何よりも提供する農産物、食の質を高めるという農家自身が誇りを持てる競争で、アグリツーリストやスローフードなどの全国組織が農家を煽りたてている。本物の美味しさのためには農村の美しさが不可欠である。これは経営者の誇りの問題でもある。この条件があったからこそ景観行政は実効力を持った。

質が高いとはいっても、アグリツーリズモの施設はもっぱら低コストで建てる。80年代の典型的な施設をみても20人収容の施設（図4・1）を総工費3千300万円ほど、ただし外構に230万円、プールに375万円、門扉も75万円かけているのだから、建物は2千600万円に満たない。工事積算書（表4・1）をみると、値段を下げにくい衛生設備の割合が高く、屋根や壁など構造部は安く、室内も簡単な漆喰塗りで済ませている。[*10] 日本の建築費が高いことはよく知られており、ローマの建築費は東京の58％程度だという比較もある。それを考慮にいれても、驚くほど低コストで施設を建て

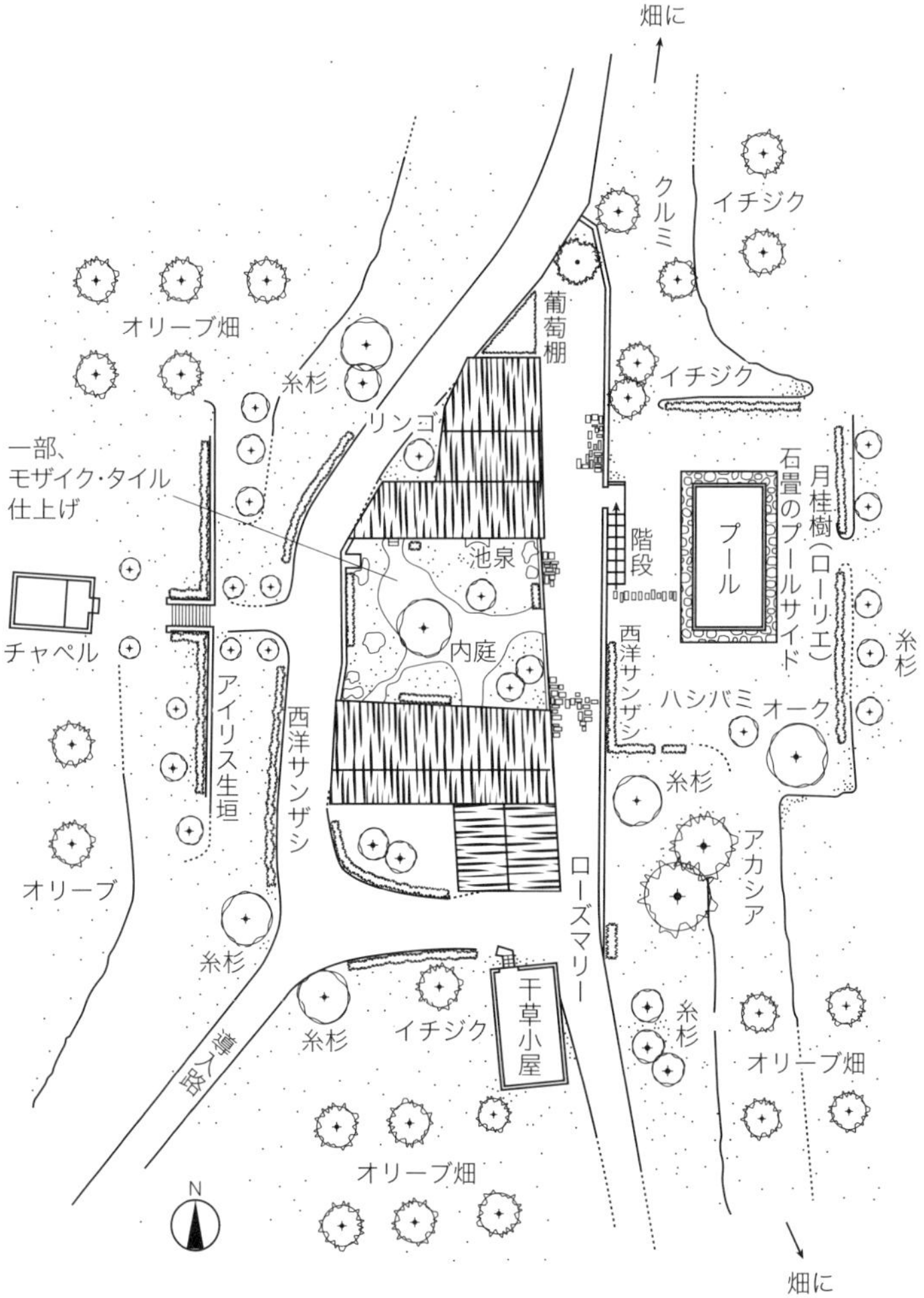

図 4·1　トスカーナ州のアグリツーリズモ施設（出典：Simone Velluti Zati 'Edifici rurali: una risorsa culturale, ambientale ed economica da salvaguardare e valorizzare', Armando Montanari ed. "*Il turismo nelle regioni rurali delle CEE: la tutela del patrimonio naturale e culturale*", Edizioni Scientifiche Italiane, 1992, Napoli. 第 4 章註 10 の文献）

表 4·1　トスカーナ州のアグリツーリズム施設（図 4·1）の工事積算書

	面積、員数	単価（万円）	工費（万円）
屋根	200m²	2.5	500.0
天井・2 階床	236m²	2.0	471.6
地階床・床下	231m²	1.2	269.4
間仕切	69m²	0.3	20.0
開口部（扉）	1.6m²	2.9	4.7
外壁漆喰仕上	1345m²	0.3	378.9
床仕上（タイル）	345m²	0.4	143.8
便器など	8 台	22.5	180.0
暖房設備	23 室分	6.5	149.5
	ボイラ 2 台	15.0	30.0
電気設備	23 室分	3.8	86.3
下水設備（浄化槽）	9 台	10.8	97.5
門扉	5 機	15.0	75.0
建具（室内扉）	22 枚	0.6	128.3
建具（窓）	29 枚	2.9	84.6
外壁塗り（ペンキ）	1178m²	300 円	39.3
内壁仕上	1678m²	0.5	83.4
外構整理・整備	917m²	0.3	229.5
プール			375.0
その他			2.3
		総額	3349.0

延床面積・586m²、1989 年当時為替レート 12 リラ＝ 1 円で換算

（出典：Simone Velluti Zati ‘Edifici rurali: una risorsa culturale, ambientale ed economica da salvaguardare e valorizzare’, Armando Montanari ed, “*Il turismo nelle regioni rurali delle CEE: la tutela del patrimonio naturale e culturale*”, Edizioni Scientifiche Italiane, 1992, Napoli. 第 4 章註 10 の文献）

ている。広いこともあるが、平米単価6万円にもならない。

もちろん、既存の建物の一部を使うこともコストを下げる要因だろう。しかし、安いから悪い、美しさを問わないという意識はない。アグリツーリズモに相応しく、農村の景観と比べて遜色のない美しさを追求する。その美しさがなければアグリツーリズモなど経営する意味はないというのが、アグリツーリストなどの主張である。

アグリツーリストの狙いは過疎化した広大な農村に、観光を通じて賑わいを取戻す点にあった。しかし、同時に食と農家・農村の美しさを維持することにもあった。それを無視すれば、農村に大規模公共事業や工場を誘致した開発と同じになる。しかし、美しさと快適さは時として矛盾する。この矛盾を個々の経営者がそれぞれの方法で乗り越えるには時間がかかった。その背後には、歴史的建造物保存を厳格に求める文化財監督局とコムーネや州政府、県の都市計画部局で進む景観保護の動きもあった。民家は質素がいいというロマン主義は都会人に根強いが、実際に暮らす農家は、より安価で便利な建物を求める。だからその立場は常に対立しがちである。

2　始まりは歴史的市街地から

イタリアの農村では、この対立は段階的に乗り越えられた。

まず、農業の歴史の長いイタリアでは農村景観への文化的関心はたいへん古い。古代ローマの詩人は美しい国土を歌い、中世の物語にも肥沃な農地を誇る記述は多い。ルネッサンス絵画にもよく描かれた。[*11] 18世紀末から19世紀にかけてロマン主義の時代にも、自然美同様に農村の美しさが愛でられた。美しい風景は多くの外国人をも魅了した。18世紀の英国人のグランドツアーでは農村の風景画がもてはやされ、英国の庭園にも強い影響を残した。

ただ昔は、美しい国を愛でることができるのは限られた裕福な人々で、一般の国民の暮らしは貧しかった。だから文化財保護制度が長年、国民生活とかけ離れていたのと同様に農村景観への関心も限られていた。

とはいえ、1912年の法律688号で自然美、22年の法律788号で景観美がそれぞれ、国の文化財監督局の管理下に置かれ、景観が歴史・自然の両面から公共的な価値を持つ財、国民共有の財として定義された。建築行為に限らず、農地の作付けも規制の対象となった。しかし、その対象はナポリ湾のイスキア島などごく一部の地域だった。ファシズム末期の39年に制定された法律第1120号文化財保護法と、同年の法律第1497号自然美保護法[*12]が、戦後までの長い間、基本法として文化財・景観保護行政を支えた。

また、39年[*13]には都市計画法が制定され、戦争で大いに遅れたものの、70年代には田舎のコムーネでも土地利用計画が策定された。このため、強制的に建築規制が適用された。ローマなど大都市周辺の農村では土地所有者の抵抗もあった。違法建築も多く出た。しかし、他の地方小都市では50年代、60年代に人口が減少したため、開発圧力は低かった。さらに、農地保護の開発規制が順守され、農地にも土地利用規制がかけられ、建蔽率・容積率は5％以下に抑えられた。

開発が認められた市街地の中では、建蔽率・容積率だけの一般市街地とは別に、歴史的都心部が設けられ、歴史的建造物の現状変更が規制された。67年「橋渡し法」である。この歴史的都心部の規制が町や村でも適用されたのは80年代になってからだった。画期的なこの制度は20年近い時間をかけて受入れられた。都心部は空洞化しており、建築工事も少なかったので、最初は深刻な問題にはならなかった。その後、都心回帰が始まった頃には、都心の歴史的建造物に住みたい人が増え、再生された住宅の市場が生まれてきた。

さらに、77年には前述したブカロッシ法で、都市計画税の一種である建築負担金制度ができた。建築が可能な区域にある所有地に建てる自家用の住宅であっても、その用途と容積に応じて納める額が示された。社会資本整備の財源負担の義務とされた。このため、無意味な開発行為、新築工事が抑制された。不動産、建築業界の根強い抵抗があったが、この制度で、新築よりも修理・修復が有利な状況がつくられた。70年代から80年代は中道左派の政府がこの種の改革を熱心に進め、全国的に革新自治体が多かったため、市民の支持がえられた。

とはいうものの、数十年の間に法の隙間を突くように、景観を壊す無骨な住宅が増えた町や村は多い。地方でも小都市の郊外や鉄道、高速道路沿いには工場や倉庫が建ち並んだ。特に、工業化が進んだ中北部の都市では戦後の高度経済成長期、あるいは戦前から、市街地に隣接する農地は、日本同様に乱開発された。また、大都市ローマやミラノ周辺の農地も住宅地のスプロールで無残な姿を晒している。80年頃には都市と農村の境界が無計画に失われたことが厳しく指弾された。土地利用を規制する制度はあっても、その土地所有者が開発を望み、政治家がコムーネを騙せば、効果的な規制はかからない。

一方、60年代から盛んになったリゾート開発はイタリア半島各地の海岸の大部分と、アルプス、アペニン山脈の景勝地の景観を破壊したという。イタリアには西欧諸国や米国からの観光客が多い。第6章で述べるように、戦後のイタリアではヴァカンスが大衆化し、各地で低価格のリゾートマンションが急増した。一部のコムーネと土地所有者、開発業者は開発を望んだが、利用者、観光客は乱開発に厳しい視線を向けた。高層ホテルやリゾートマンションが建ち並ぶワイキキやコパカバーナを真似たリゾートが顧客に飽きられたのは意外と早かった。70年代後半にはイタリア人も格安航空券でカリブや東南アジアの熱帯リゾートに出かけるようになったからである。

すでに観光客の関心は他に移っていた。80年代末には工業化、観光と住宅開発から取り残された、過疎の農山村の風景の美しさに注目が集まった。大都市の郊外やリゾート地で繰り返された失敗に学び、自然環境と風景を守ってより快適な生活空間を造る計画を求める声が社会に広がった。だから美しい農村にはさらに厳しい国立公園なみの建築規制が必要だという認識をもつ人々が増えたのである。この意識変革の背景には、次章で述べる中山間の条件不利地域での農業政策の転換があったことも農村に大きな影響を与えた。

80年代に自然環境と歴史文化遺産保護のための国民協会「イタリア・ノストラ」の本部でその活動に接した私の記憶では、当時この田舎の風景を守るために農業、遺跡、自然環境など各分野から保護対象領域を広げることで規制の網を広げようという取組みが進められていった。協会の面々と視察や研修によく訪れたのは、海浜リゾートや中山間地域の遺跡であり、その周辺景観を壊す観光開発をいかに防ぐかを議論していた。

3　農村部に広がった景観計画

農村の景観保護は、85年の法律431号「ガラッソ法」によって、文化財環境財省が各州政府に策定を義務づけたことで一気に進んだ。[*14] 80年代までの観光開発、別荘ブームによる建築ラッシュは、イタリアの自然・歴史的景観を台無しにした。この乱開発に歯止めをかける狙いで、州の景観計画が実施されるまで、海岸、湖沼の水際線から300m以内、河川では同様に150m以内の地帯、山岳部では海抜1千200m（アルプス山系は同1千600m）以上の地域で、一切の開発許可を認めないとした。[*15]

この法律を巡っての論争は憲法裁判所に及んだ。暫定的とはいえ効果的な立法であり、その後17年間にカラブリアを除くすべての州で制定された州の景観計画では、それぞれに規制手法を発展させた。この頃には、地方分権が進んでいたため、南から北まで、地域的な特色を色濃く出し、また州それぞれに法的な手法を拡大させ、多様な土地利用計画手法に発展した。

その内容をみると、いち早く制定したエミリア・ロマーニャ州では、広大な地域から「地形・植生」と「歴史・伝統文化」に特化した風景要素を抽出し、そこに着目した上で「地区」ごとに風景の整備規制目標を特徴付けた上で土地利用規制をかけた。そこでは、「計画がなければ開発なし」の原則で開発が抑制された。遺跡がある考古学地域に加えて、古代ローマ時代の土地割「百人隊地籍」[*16]だけが残る地域でも、都市計画が定める道路等都市施設、土地利用計画で配慮されるべき地域を定めた。考古学地域だけでなく、発掘の予定もない広範な地域への規制は、80年代末のイタリアでも画期的で、もちろん相当な抵抗があった。

また、マルケ州、リグーリア州では、地質・自然から歴史文化に至るまで幅広い評価リストを策定し、それぞれの対象地域に適正な自然再生・施設の整備と活用の手法を示している。そして90年代には地域の生活・生産基盤を自然環境の実相と一体的に捉え、風景をその調和の現れであるとし、風景の総合的な調整をいかに図るかを実行プログラムに示している。[*17]

また州によっては州全体の計画以外の方法、つまり州内の県単位、大都市圏行政区、コムーネ単位の景観計画を立てている。また、国立・州立自然公園にも独自の景観計画が策定されている。戦後のスプロールや工場・住宅団地・高速道路等の開発で風景の美しさが損なわれた大都市近郊の修景、環境再生事業が現在のイタリアでは盛んになった。この場合、通常の土地利用規制に加え、エコロジカルな観点から環境復元を図るもの、農業景観を復元しようというものなど、多様な整備手法が発展してきた。このように10年以上かかったとはいうものの、ガラッソ法の影響で州や県、郡を単位に次々と景観計画が策定された。

こうして国土の隅々まで余すところなく景観を保全する規制が及ぶようになり、その対象は自然から歴史文化・伝統と範囲を広げてきた。この背景には、土地利用規制の法的根拠が整っただけでなく、イタリア農業の変化と自然環境保護への取り組みの深化がある。

一方、80年代には農業も変わり始めていた。エミリア・ロマーニャ州では有機農業に取組む農家が増え、古代種や在来種の栽培も始まっていた。また次章で述べるCAP（共通農業政策）の「セットアサイド政策」、つまり一部の農地を粗放化する方式を活用し、ファシズム期に着手された干拓農地を見直し、粗放化だけでなく自然公園として元の湿地に戻していった。周辺の農村でも、地域の歴史が見直され、伝統的農業が復活し、ローマ時代の地籍も遺跡同様に重視され始めた。

加えて80年代には、自然環境の保護が進んできた。古くからの国立公園の保護区に加え、地方分権で権限が委譲された州政府は競うように自然保護区を増やしていた。エミリア・ロマーニャ州は、ポー河デルタ6万haの州立自然公園での風景再生の公園整備を進めた。その成果は、世界文化遺産として95年に登録された「フェラーラ・ルネッサンス都市」の範囲に含まれている。また、その4年後の99年には範囲を拡大し、デルタの湿地と農地を文化的景観として追加登録した。EUの支援によるその湿地再生実験事業は国際的な注目を集めている。トスカーナ州とラツィオ州に跨るマレンマ考古学・自然公園でも同様に、世界自然保護機構の自然保護区域設定に準ずる仕組みが採用された。段階的に、原生自然保護区域、エコシステム回復区域、自然公園区域が設定されている。

世界自然遺産では、遺産本体は原生自然保護区域で調査目的以外の立入りが制限される。その周りには緩衝地帯が設けられる。ポー河デルタでは原生自然保護区域に自然と共生する伝統的集落を含んでいる。保護区域の外側に公園地域の65%にもわたる公園予定地区（プレ・パルコ）を設けている。従来の集約的農業を一部で認めつつ、持続可能な農業・農村のあり方を、農家を含む地域の様々な組織と協議し、土地利用計画として策定してきた。自治体の予算に加え、CAPによる直接支払制度、同構造基金、コミュニティ・イニシアティブ資金による手厚い財政支援を用いて、自然環境再生と風景の保全を進めている。

ウンブリア州アッシジの風景計画でも、中世農業とその農村景観要素が特に注目された。歴史的農業景観を単に博物館に保存するだけでなく、現地で継承し、アグリツーリズモに活用する。そんな農村の農家に泊まり、農産物を求める観光客も増えてきた。00年の世界文化遺産登録に際しては、巡礼の聖地、聖フランシスコ修道院と聖堂、そして中世都市だけでなく、その何十倍もの広さの森林や農地を世界遺産の本体として登録した。20世紀最後の登録となったアッシジで、農村の文化的景観が歴史的都心部と同等の価値を持つものとされたのは、歴史的環境の保存の上でも、農業の再生の上でも重要な意味を持った。この流れは、04年の「オルチャ渓谷」の世界文化遺産登録に発展していった。この様子は、これら二つを世界遺産に登録したローマ大学パオラ・ファリーニ教授により、日本でもたびたび紹介された。

4　地元主導の世界遺産登録

オルチャ渓谷とは、トスカーナ州の南部シエナ県に属する五つのコムーネ、モンタルチーノ、サン・キリコ・ドルチャ、ピエンツァ、カスティリオーネ、ラディコーファニに跨る州立自然公園を指す（写真4・6）。これら五つの村々は、国や州政府から求められたのではなく、自主的に景観規制を始めたボトムアップの、イタリアでも稀なケースである。

写真4･6　世界遺産・オルチャ渓谷

まず、人口2千679人のサン・キリコの村長がごく少数の幹部と語らい世界文化遺産登録を言いだした。80年代のことである。村長の主張は、自分の村の歴史、文化、自然環境を拠り所に村の生き残りをかけようという点にあった。だからこの村を世界遺産にと考え、その提案をずっと上まで、ユネスコ世界遺産委員会にまで届けることになった。実際、世界遺産の話が州や国に取上げられたのは、00年のことである。

最初は、この村を含む五つのコムーネを州立公園を指定することから始まった。交渉を重ね、88年に調印された協定で、自然公園整備を進める共同組織が立ち上った。翌89年にシエナ県に提案し、県が保護計画を策定した。その後、計画の推進には時間を要したものの、96年には五つの村の村長や市会議員が出資して、「オルチャ渓谷有限会社」を立ち上げた。有限会社が中心になって、五つのコムーネとシエナ県が「ヴァル・ドルチャ公園保存管理計画」に合意し、97年にそれを進める「ヴァル・ドルチャ地域協議会」を設立した。

こう述べると、相当数の地元政治家が盛大な総会を開いたと思われるだろうが、実際は小さな会合でしかない。中でも人口3千人に満たないサン・キリコ・ドルチャからは村長の他、議員と役場の部長を兼ねる2人が加わった参事会でほとんどすべてが決まる。そんな村と町が五つ集まっても、20人程度の規模、この小ささが対話を密にしている。

有限会社では、フィレンツェで建築の仕事に就いていた地元出身のマッシモ・ビンディを呼び戻して事務局長に据えた。多方面に渡る彼の実務能力が以降の仕事に役立った。特に、関係機関との協議を重ね、保護計画と管理計画を策定するには、不可欠な能力だった。

有限会社は協議会事務局を務め、その業務には環境管理、地域整備計画と都市計画策定、農業・工業・手工芸の振興、文化・観光活動支援、福祉などを含む公共サービスの経営とインフラストラクチャー管理がある。それは、やはりCAPに80年代から地中海諸国、イタリアでは中部を対象にした農村支援プログラムが始まった。[*18] また、90年代にはEUの新しい総合的地域振興事業のための直接助成制度ができたからである。この制度は、地域の官民様々な主体が同格のパートナーとして協定を結び、ボトムアップで開発計画を立て、その実現に責任をもつものである。

その中核としてリーダーシップを発揮するために、有限会社の高い能力が求められた。99年には、トスカーナ州は州法161号を定め、ヴァル・ドルチャを州立保護区域に指定した。声を上げてから20年以上、五つのコムーネの合意からでも10年以上が経過していた。

州立公園保護区域は、五つのコムーネの92％に及ぶ。もちろん土地利用には厳しい規制がかかる。といっても、63％は農地、37％が森か粗放地、市街地は0.6％、393 haでしかない。規制はシエナ県の景観保護計画によるもので、この中で道路、農地、建物それぞれの細かな規制が定められている。また保護対象となる景観要素のリストが用意され、その一つ一つに台帳がある。台帳には1800年代の地図と地積図、現況航空写真が載り、それぞれの上に規制範囲を示し、保存状態、利用現況が示されている。加えて記録写真と解説資料、参考文献が載り、建物の場合、その増改築の許可範囲を示している。州立公園として登録されたらアグリツーリズモでも前述の規制緩和は受けられない。これを国でも州でもなく、地元の小コムーネの機関が自主的に作成した点に驚かされる。

また個々のリストと台帳の他に、公園の保護計画には、歴史・文化的価値、自然環境価値の点から守るべき区域が設けられている。その中には、森・庭、また個々の樹木が登録され、その変更に規制をかけている。これはEUの制度で求められる基本目標に沿っている。

公園の管理には、県と五つのコムーネの環境、財産管理、都市計画、文化財、教育、建設関連の担当課が関わり、農協、商工・職人団体の意向が反映される。膨大な数の関係機関数ではあるが、なにせ小さな県と村のこと、会議は多いが話しは通りやすい。また、一旦計画を策定すれば、民間の建築行為の数が少なく、公共事業も限られており、許認可業務は多くない。

したがって、有限会社の活動の中心は地域振興に向けられている。地元の農産物の付加価値を上げ、零細な製造業・商業・サービス業を保護、振興する。オルチャ渓谷の祭、マウンテンバイクのコース整備、ガイドブックやウェブサイト作成など、観光・文化振興が中心になる。また五つのコムーネの事務共同組合であるため、高齢者福祉サービス、子供向け

表 4·2　オルチャ渓谷有限会社の歳入、財源別推移（単位：万ユーロ）

財　源	2003 年	2004 年	2005 年	2006 年	資金源別合計	割合 (%)
①民間	26.3	27.8	27.8	27.8	109.8	11.2
②シエナ県	24.4	14.1	14.1	14.1	66.8	6.8
③山岳自治体共同体	33.0	5.0	5.0	5.0	48.0	4.9
④トスカーナ州	10.3	9.1	11.4	9.1	39.8	4.1
⑤モンテ・ディ・パスキ・ディ・シエナ財団	37.5	58.1	64.1	58.1	217.8	22.2
⑥五つのコムーネの自主財源	38.8	28.4	34.5	33.4	135.1	13.8
⑦ EU 補助金	61.1	57.3	61.8	57.3	237.5	24.2
⑧イタリア政府	13.0	6.5	6.5	6.5	32.5	3.3
⑨地域再生基金＊1	58.7	12.2	12.2	12.2	95.4	9.7
年度別合計	303.0	218.6	237.5	223.6	982.6	100.0

＊1：都市再生と地域の持続可能な発展のためのプログラム（Programmi di Riqualificazione Urbana e di Sviluppo Sostenibile del Territorio）基金による支出

(資料：オルチャ渓谷有限会社)

イベントなどの業務も担っている。

資金割合は、外部のものが大部分を占める。年度によって違うが、最大はEUのCAP補助金で24%になる。次がモンテ・デ・パスキ・ディ・シエナ銀行の財団[*19]からの助成22%、3番目に多いのが五つのコムーネによる自主財源で全体の14%、続いて個人・企業の寄付11%、県、州政府に加えて山岳自治体共同体（当時[*20]）の補助金があり、国からの金額が一番少なく3.3%である（表4・2）。

この歳入を見ると、イタリアがEU統合に参加し、また国が分権された様子がよく分かる。地方分権は地元の参加を促す。参加とは意見を言い、汗をかくだけでない。地元企業が少なからぬ資金を提供している。地元最大の、そして15世紀以来の伝統を誇る金融機関モンテ・デ・パスキ・ディ・シエナが地域振興に重要な役割を果たしている点が評価できる。

公園保護区域の規制は、目的を共有化し、丁寧に計画したうえで開発するという理念を体現している。まず、農業振興の成果があって広大な荒廃農地がなくなった。放置された文化遺産が修復され、用水路、鉱泉、泉も復原された。観光客数はまだ少ないが、ルネッサンス時代の庭園が再生され、野外イベントの会場になった。荒れ果てた教会などの歴史的建造物は会議場、コンサートホールに活用されている。

その結果、観光入込客数が増加してきた（図4・2）。並行して、宿泊施設数、宿泊収容人員数

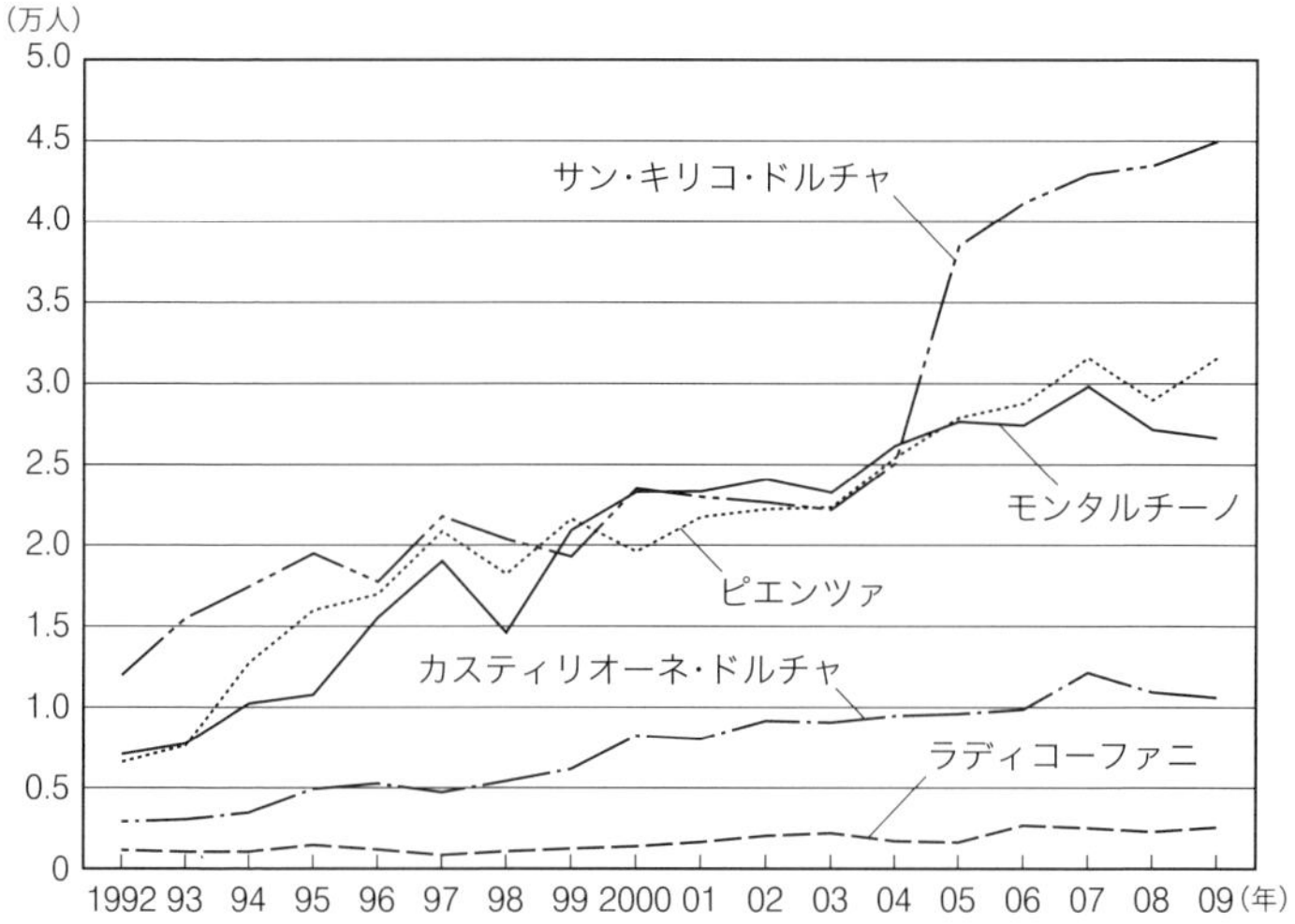

図 4･2　オルチャ渓谷の観光客数推移（資料：オルチャ渓谷有限会社）

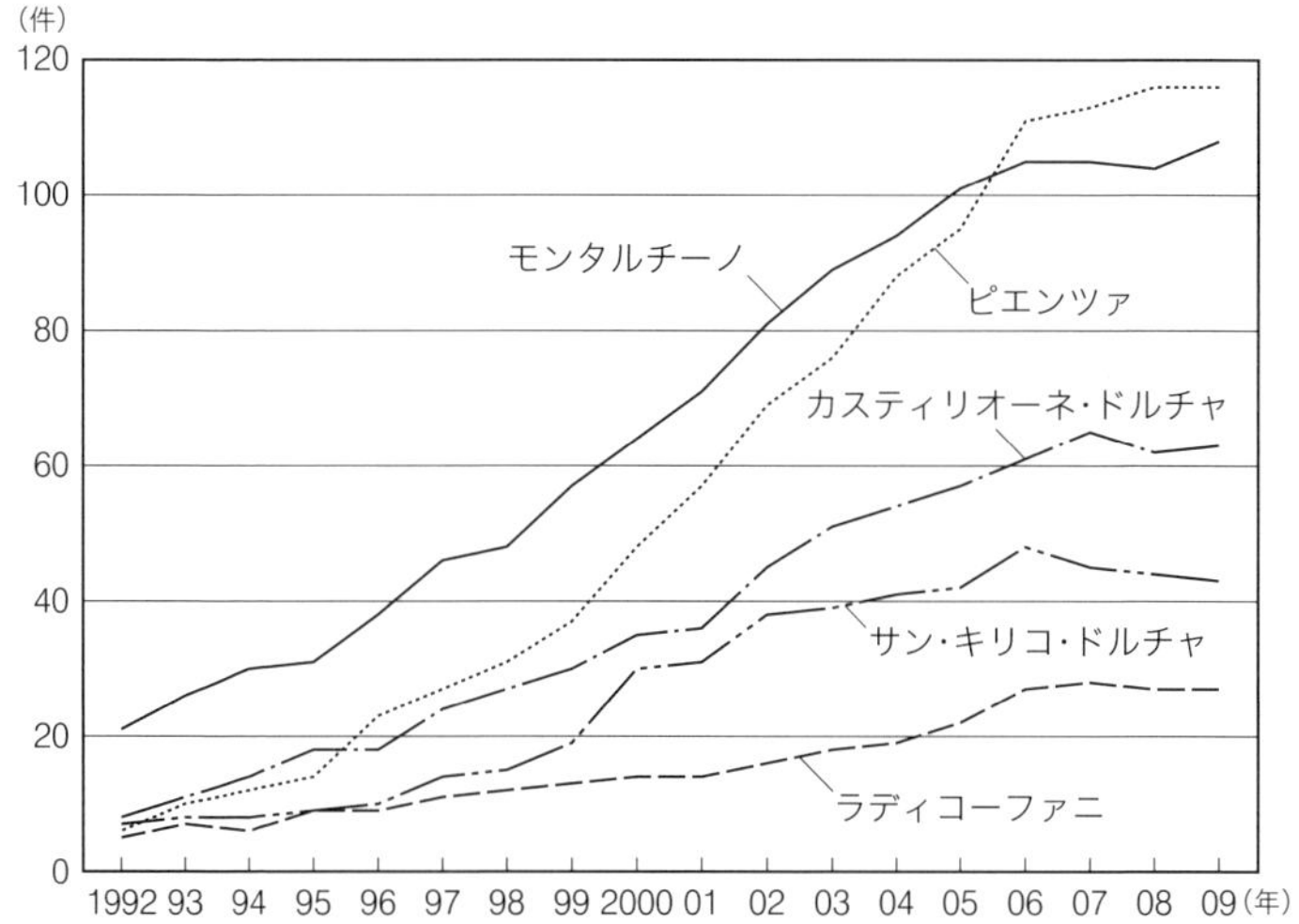

図 4･3　オルチャ渓谷の観光施設数推移（資料：オルチャ渓谷有限会社）

写真 4·7　ラディコーファニのレストラン、カセッロ（見張塔の意）の外観（上）と内部（下）

写真 4·8　カセッロ経営者のカルロ（上）、手製のラビオリ（下）

写真 4·9　シエナ市役所壁画アンブロージョ・ロレンツェティ作「良き政府と悪い政府の景観」

が劇的に増加した（図４・３）。その大部分がアグリツーリズモであることは言うまでもない。レストランも増えた。増加率はついに、オルチャ渓谷とは別に世界遺産登録されているシエナ市の伸びを上回っている。

人口１千220人のラディコーファニ村に「カッセロ」というレストランがある（写真４・７）。フィレンツェ大学建築学部で学んだカルロ（写真４・８）は、長年コンサルタント会社に勤め、アラブ諸国を回っていた。出身地の村が変わった様子を見て、得意の料理の腕で第二の人生を始めた。集落内の廃屋を買ってレストランにした。もちろん自分で設計も、そして施工の大部分も手がけた。規制が厳しく、その割に補助金が少なかったことが不満だという。特に、構造補強への補助率が低い点を嘆く。地元主体の村づくりが大切で、世界遺産登録は無意味だともいう。ただ、彼の妻がシエナ県文化財保護課長だと聞くと、気軽に同調もできない。

小ぶりなレストランは十分美しく、渓谷の眺めがいい。そして、その創作料理は最高である。様々なチーズと野菜のラビオリが絶品、猪、鹿、野鳥など猟師風料理が高級で、山野の恵みを楽しませてくれる。特産の蜂蜜を活かしたドルチェもいい。しかし、レシピは教えない。言うまでもないが、ワインはブルネッロ、安く飲める。こうして、受入れ施設の質が整ってきた。

また、地元農産物の価格が上がり、この間に進んだ品質保証制度で、ワイン、オリーブ・オイル、栗などの特産品が高く評価された。農業が再生したため、農地価格が２倍に上昇した。モンタルチーノ村のブルネッロ・ワインを産する葡萄畑だけでなく、五つのコムーネ全体の農地に市場価値が出てきたのである。

そして人口が回復し始めた。51年から続いていた減少傾向は91年に止まり、その後現在に至るまで緩やかに回復している（図4・4）。EUのねらいどおり、若年層に雇用を提供できる地域に再生できたのである。観光客より、住んでくれる若者の方が喜ばれる。さらに、有限会社オルチャ渓谷の経営が今は黒字になった。04年の世界文化遺産への登録は、これら一連の成果の集大成だった。そして、この大きな成功の副産物だったと思われている。

世界遺産の登録理由には、シエナ市役所の壁画アンブロージョ・ロレンツェティ作「良き政府と悪い政府の景観」（写真4・9）に描かれた良き政府の治める国土が現在もよく保存されていると説明される。

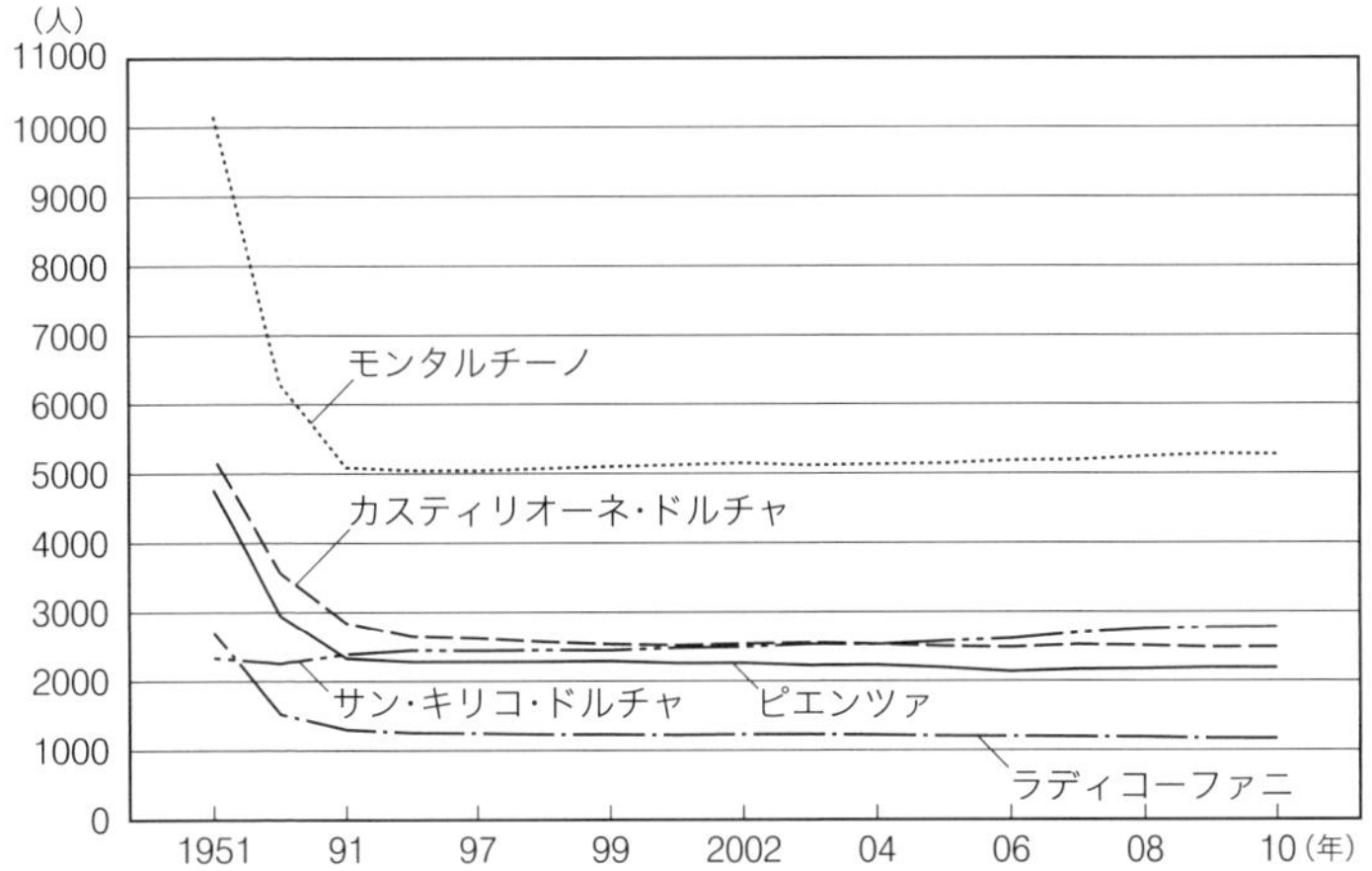

図4・4　オルチャ渓谷五つのコムーネの人口推移（資料：オルチャ渓谷有限会社）

その美しさは、しかし14世紀のように偉大な為政者によるものではなく、地域の普通の住民の総意、住民自身の創意工夫による。もちろん、優れたリーダー、マッシモの資質が大きく貢献した。

長い間、オルチャ渓谷の貧しい村々は発展から取り残されていた。しかし、貧しさゆえに南トスカーナ特有の農村景観はよく残った。近年、農業や食文化が変わった。人々の意識はスローに、国づくり村づくりも保全に変わった。最初に村々の美しさに気づいた人がいた。次に社会の大きな変化に気づく賢い人がいた。過去の経験に囚われず、変化を柔軟に受け入れ、その流れを捉える知恵が村人たちに広がっていった。Uターン者が、その動きを加速した。

オルチャ渓谷20余年の取組みには、もちろん反対意見があった。村々の多くの人々に現在の成功が予想できたはずもない。長年子供や孫は都会に出ていき、取り残された過疎地に魅力があると考えた人は少なかった。70年代にはアグリツーリズモが夢だったように、80年代には世界文化遺産は遠い話だった。しかし、村づくりの未来に掲げた理想は、決して高すぎはしなかった。イタリアの村づくりの第四の出来事は、このオルチャ渓谷の世界遺産登録である。

5　土地所有者が規制を受け入れたわけ

景観保護の範囲が拡大すれば、モノ、コト、場所、人など様々な対象が含まれるようになる。

しかし、その大部分の不動産には所有者がいる。財産権は人権の一部として保障されなければならない。都会でも土地利用規制は容易には受入れられないのに、農山村の建物や農地、山林の所有者にその利用規制を受け入れてもらうのは難しい。日本ではその難しさゆえに農村の景観規制は無理だと思う人が多い。しかし、イタリアの都市計画の長い歴史は、この困難な課題を辛抱強く克服してきた。

その答は意外と簡単だと思う。規制の対象となるモノ、コト、場所、人に、保護・規制された後に、よりよく生き続ける手段を与えればいいのである。農家の建物はアグリツーリズモ施設に活用し、農地は有機農業・畜産振興で粗放農地に転じ、自然はレクリエーション施設として、また水源や自然エネルギー源に充てる。伝統文化は多くの市民に開放することで、現代社会に通用する地域の個性的な文化活動になる。市民は喜んで継承してくれる。多様な食の伝統は、創造的な料理を目指す若者にとって優れた素材である。伝統文化を新しく表現してくれる。

農村を、その美しさや歴史的価値だけで文化的景観に指定しても仕方ない。文化的景観の保護が重要なことは言うまでもないが、それを具体化する優れた手段が要る。美術工芸品を博物館で、遺跡を公園にして保存するのとは違う。農村は保護だけでは生き続けられない。歴史的町並みなど歴史建造物同様に、農地が生き続けさせるためには具体的に新しい生き方、活かし方を示す必要がある。つまり、その文化的価値を持続可能にする農村社会と新しい農業を創出しなければならないのである。

イタリアでもアペニン山間の傾斜農地は景観規制を受けているが、スペルト小麦や在来種の作付けに充てている。機械が入らない農地は有機農業、放牧地や牧草地に充てる。もちろん、その産物の価格は高くなければならない。第1、2章で述べたように、イタリアでは90年代までに、農業と食を巡る状況が大きく変わったために、必然的に農村のモノ、コト、場所の意味を変える必要があった。だから、農地の土地利用規制は時代に則したものになった。景観が美しくなければ、スローな時代の農業と農村は生き残れない状況が生れたのである。後は人の意識を変えればいい。幸い、第3章で述べたように、人の流れも変わっていた。外から入った人が住民の意識を徐々に変えていったのである。村づくりの手法を変えずに、景観計画をかけても、モノ、コトの革新を続ける持続可能な農村社会は実現しなかったのである。

ここまで進むと合意形成は難しくない。住民といっても、規制を受けることで直接的な影響を受けるのはごくわずかな土地所有者である。村の大多数の住民には影響がない。その大多数が健全で革新的な農業と美しい村並みを望めば、適切な規制は世論に支持される。

土地所有者には、ごく一部ではあるが、不動産投機を望む人がいる。土地や建物の売買で生計を立てる人である。残りの大部分の土地所有者は一般住民で、投機を望んでいるわけではない。むしろその地価は上がらない方が安心して住み続けられる。そして、自分の家を好きに建てられる自由よりも、隣人が勝手気儘に建てられる自由に制限をかけた方が、居住環境が安定し、ますます美しくなる環境で暮らすことができる。もちろん、その土地建物を売ることもある。今は売る気がなくても、ほとんど価値のないように見えた土地が、高値で売れた話しを聞けば欲が出る。少しでも高く売りたいので、地価が下がると言われると規制を嫌う。しかし、この主張は主に投機を望む人の声である。実際には、規制され優れた居住環境が整うと地価が上がる。規制で地価が下がるという主張には、実は根拠がない。時代に即して真面目に農業を改革しようと思う人は、もちろん土地投機を望まない。

開発ブームが起こり、地価が高騰している時には、規制に対して少数ではあるが根強い反対が出る。しかし、開発が鎮まれば状況は変わる。その土地にそのまま住み続けたい人はもともと大多数なのだから、市民の良識が、一部の反対意見に勝ることになる。

名義上の土地所有者である父親が制限を嫌っても、母親や子どもは美しく元気な町に協力的である。家族や隣人を思って父親を説得してくれる。また、一部の貪欲な所有者のために美しく元気な町や村が損なわれることが分かれば、不公正を許さないためルールとしての土地利用規制の必要性が理解される。つまり、民主主義が正しく発動すれば、景観保護は進むのである。問題は、家長が家族・親族を支配し、地主が小作人、借家人を抑圧する封建的意識が消え、村が民主化するか否かである。もちろん、国民が風景の美しさと健全な農業を望むほど豊かで、心のゆとりを持つようになる必要がある。

イタリアの農村は民主化した。美しさを求める大多数の国民と、女性を含む多くの住民が望めば、土地所有者も規制を受け入れる。自分の土地を高く売りたい、商売のために不細工な建物を建てたいというエゴは、市民の総意の前では民主的に否定される。健全な農業に転換する人々、美しい村の美しい建物を美しく飾りアグリツーリズモを経営したい人々の前では、土地所有者の自由は不合理なエゴ、地域社会の発展を阻害するものと考えられる。ただ、そこに至ったのは、美まし国イタリアでもごく最近のことである。

イタリアの農村の過疎化は、日本以上に深刻だった。農業人口は劇的に減少した。しかし、50年代の奇跡の経済成長が終わった後、経済成長は長年緩やかなまま、地方都市では多くの工場が閉鎖された。その跡地にディスコやホテルが建った時代もあった。しかし、直ぐ廃墟になった。今では、レストランの一部が残っているだけである。例外は一部の有名リゾート地だけ、空家だらけの農村では投機はあまねく失敗した。最近になって、アグリツーリズモが盛んになり、地方小都市へ移住する人も増えた。しかし、彼らは美しい農村を望み、美しくなければ去っていく。こうして健全な村づくりの意識は広がっていった。この結果が、国や州の指導でなく、地元発意によるEUの地域振興助成事業のねらいでもあった。民主主義は地域でこそ機能する。

第2部

村が受け止めた三つの変化

APPERÒ
CHE AGRITURISMI
iTERRANOSTRA

【前ページ】
HP： http://www. terranostra. it/it
イタリア最大の農業者団体「テッラ・ノストラ」（第1章33ページ参照）のアグリツーリズモ紹介サイトを、iPhoneとiPadに対応させたページ。「田園は命（La campagna è vita）」「田舎友達（Campagna Amica）」などのキャッチコピーで、アグリツーリズモの紹介とあわせて、農産物の直接販売を熱心に紹介している。

第5章

量から質への EU 農業政策の転換

写真 5･0　ポー河デルタの元干拓地の乗馬コース

さて、この本の後半はイタリアの美しく元気な村づくりの背景にあるより大きな変化、農業と農村、観光市場、村の人々の暮らしがどう変わったかを順を追って語っていこう。最初は、これまでもたびたび述べたイタリアの農業の転換点とその背景を語る。

最新の「2010年農業センサス」[*1]は、この10年間のイタリア農業の変化、特に農業人口の減少をよく示している。まず、農業事業所数は32％減少した。反面、農家・農業法人の生産規模の拡大が着実に進んだ。

一方、全農地面積は8％減、耕作面積は2.3％減少という数字を見るとイタリアの農業は衰退しているように見える。しかし、経営規模が拡大したために、条件の悪い農地が放棄され、効率のいい健全な農家が育っていると言える。

実際、事業所数減少で一農家・農業事業所当たりの平均耕地面積は5.5 haから7.9 haへと44％も増加した。他のEU諸国と比べればまだかなり低いが、大きな拡大である。また、耕地面積の内54％が、農業事業所総数の5.2％を占める大規模農家・農業法人が耕作している。大規模とは30 ha以上を耕作するものを指す。前回のセンサスでは、大規模は全事業所の3％ほどでしかなく、その耕作面積も47％だったから、この10年間で少数精鋭の農家が増え、経営基盤は強化された。これは50年に及ぶCAP（EU共通農業政策）の成果であり、また近年のイタリア独自の政策、グローバル市場への対応の結果である。

反面、農業統計は、耕作面積が1ha以下の零細農家数が80年代以降もあまり減っていないことも示している。農家総数は10年には61年の38％に、82年からみても50％に激減したが、1ha以下の農家の数はほとんど減らず、90年以降も百万戸弱で横ばいだった。全体数が減ったため、その割合は今も40％ある。零細農家とは、主に中山間地域の高齢自作農を指す。ただ、農業人口の減少は続いている（表5・1）。また、2万弱に増えたアグリツーリズモ事業所の多くが所有する農地も小さい。市民農園も増えている。

これまで述べたように、アグリツーリズモの成功はイタリアの村づくりに大きな影響を与えた。そのアグリツーリズモはイタリア農業と農政の転換の中で成長した。そして、イタリア農業と農政はCAPの半世紀に及ぶ歴史の中で進化した。

実際、第2次世界大戦までイタリアは日本と同様の貧しい農業国だった。国民の大多数が村の遅れた農業で生きていた。今でも貧しい村は多い。農村は貧困、無知、遅れた社会の代名詞

表5･1 イタリアの全人口に占める農業人口

	1985年	1990年	1995年	2000年	2005年	2006年	2007年
総人口（万人）	5659	5672	5730	5769	5865	5878	5930
経済活動人口（万人）	2365	2468	2532	2590	2615	2618	2521
農業経済活動人口（万人）	251	212	172	138	109	104	95
総人口に占める農業経済活動人口の割合（%）	10.6	8.6	6.8	5.3	4.2	4.0	3.8

（資料：FAO、世界食糧農業機関、FAOSTAT）

だった。それが今や逆転した。エコロジー、オーガニック、オルタナティブがキーワードとなり、古い農村から明るく新しい村への転換が進んでいる。それはどのように始まったのだろう。この章では、村づくりに欠かせない農業と農政が辿った戦後の険しい道のりを語る。

1　遅れたイタリアの農業と農村

イタリアの農村の貧しさの原因は、日本同様に都市と比べて近代化が遅れたからである。20世紀まで古代や中世の土地所有形態が、社会の仕組みとともに残っていた。特に南イタリアでは封建的な農村社会が、様々な点で近代化を阻害していた。

南部では古代ローマ時代に起源をもつ制度、都市に住む貴族が不在のまま遠くの広大な土地を所有する「ラティフォンド（大土地所有制）[*2]」が残っていた。一方、中北部では中世に領主に代わって都市商人が農地を手に入れ、小作人と契約して作物を折半する「メッツァドリア（折半小作制）」があった。中世自治都市（コムーネ）の商人の繁栄が農村に及び、封建制度の地主と違い、小作農家の取り分を増やし、生産意欲を高めて増産を図った制度だった。しかし、20世紀初頭には半分しかとれない農家の不満が高まっていた。

トスカーナ州など中部の丘陵地帯では、11～13世紀の間に修道院が熱心に開墾した耕地が今も残っている。葡萄とオリーブが植えられ、その同じ畑で小麦や牧草も栽培する混合耕作である。周辺の農家は10 ha程度の農地を単位に散らばって住み、都市の商人地主は毎年、ワイン、オリーブ・オイル、穀物、また牧草で育てた乳製品を手に入れた。その後も商人は積極的に農業経営に関わり、その利益と対立しながらも農家は生産性を高めていった。

北部のロンバルディア州やヴェネト州の平野部では、農業経営に熱心な都市商人地主が投資し、新しい潅漑技術を用いて小麦や米と牧草を連作した。水を流し続けることで冬に飼料となる牧草や根菜を育てた。こうして、多くの家畜を通年飼育し、家畜由来の肥料を使い、また役畜とする方式で、18世紀までにはオランダやフランスに近い豊かな農村地帯となった。しかしその反面、土地を持たない季節労働者も多かった。

一方、南部には中世自治都市がほとんどない。都市経済が発展しなかったため大土地所有制の不在地主が農業を停滞させた。村々を地主に代わり「マッサーリ（差配）」と呼ばれた管理人が支配し、その一部はマフィアの起源となった。農地は、古代ローマ時代以来の二圃式農業の粗放農業生産が続いていて、小麦など穀類の生産量もほとんど伸びなかった。また、牧畜も季節ごとに牧草地を移動する放牧が中心で生産性は低かった。小作農民は農地近くには住まず、マラリアなどを避けるため丘上の集落に集まって住むことが多く、他に仕事もなく、貧しい労働者としてひたすら後れた農業に従事するだけだった。

こうして、北部、中部、南部ごとに異なった歴史は、現在でも各地の農村と農家の有形無形の文化的特色として残されている。今ではアグリツーリズモになった農家の建物や農産物、農作業の様子、また景観にも食文化にも、この歴史が色濃く反映している。そして、この違いのうえにイタリア各地で農村の近代化が、これもまた異なった形で進んだ。

1861年の国土統一以降、イタリア中北部では地主から土地を買って折半小作から抜け出た自作農が多い。産業革命の影響もあり、機械化が進み、農村の工業化も徐々に進んだ。しかし、南部ではほとんど変化がなかった。対外貿易が進んで穀物が輸入されたため、むしろ南部の農業は衰退した。[*3]

19世紀末から20世紀前半には、政治的に覚醒した農村の人々の活動で社会は急速に変化した。もちろん南北で事情が違う。中北部では一部の農家は中産階級となり、様々な形で協同組合を組織した。日雇農業労働者は、社会主義の影響で階級闘争を起こした。南部では、最貧層の農業労働者による組織的な抵抗運動も起きたが、社会を変えることはなく、相変わらず虐げられた状態で、海外への移民が増えただけだった。

第一次世界大戦後、混乱は一層深まり、社会主義が盛んだったエミリア・ロマーニャ州の一部では人民支配の集団農場も登場した。[*4] この混乱の中から、共産主義革命を嫌う政治勢力を結集してファシスト政権が権力をえた。そして、地域別に組織された協同組合を禁止し、国家が農業部門を組織化した。世界恐慌から脱するため大規模公共事業を進め、食糧自給率を上げるため「小麦戦争」と呼んだ大増産体制がとられた。大規模な干拓、灌漑事業は戦後まで続いた。[*5]その規模は壮大で、その一部は戦後も遅れて80年代になって自然環境保護の議論が高まってようやく廃止された。ファシスト政権は、南部では農村マフィアを壊滅寸前にまで追い詰めたが、シチリアに侵攻した米軍がマフィアの勢力に頼ったため、戦後再び復活した。

2 戦後の不十分な農地改革がもたらした人々の大脱走

第二次世界大戦は都市だけでなく、農村も疲弊させた。特に南部は統一以前の大土地所有制が残り、未開拓、粗放地のまま残された土地が多く、農業生産性は北中部と比べて圧倒的に低かった。ファシズムの農業政策は30年代に南部でも始まったが、その効果が上がる前に戦争に入り、結局貧困と食料不足は解決できなかった。

ファシズムから開放された戦後のイタリアの最大の課題は民主化、農村では農地改革だった。キリスト教民主党政権と、政治的には常に対立していた共産党とが、農地解放を支持したため、49年と50年に次々と農地改革の新しい法律が制定された。大地主の所有地が接収され、小区画に分割した土地が農民に配分された。公共事業によって農業基盤整備も始まった。50年に「南部開発公庫」が設立され、膨大な資金を公共事業に提供した。

接収された土地は80万ha強、誕生した小土地所有者は20万人、農家は平均で1.3haの農地を手にした。しかし、80万haは決して多くない。当時のイタリアの全農地面積の5％に過ぎない。これに比べ47年に始まった日本の農地改革では、51年までに当時の全農地の7割、198万haを国が強制的に地主から安く買上げ、小作農に分配した。この結果、小規模自作農が増え、日本の農家は一斉に保守化した。反面、イタリアでは小作農と日雇い農業労働者が今も多く残り、農村には大きな格差がある。政治的対立の原因でもある。

改革は進んだが、南イタリアの1ha余りのやせた農地では家族を養えない。手に入れた土地は大部分が未開拓か粗放で、重機もなく開墾・灌漑は困難を極めた。何年先か分かりもしない土地改良事業は待てない。希望のない過酷な労働に耐えるよりも、低賃金でも現金収入が欲しい。だから、南部の農村から人々が大脱走、移民の大流出が起こった。

戦後は、南部の村にも大量のアメリカ映画が届いた。スクリーンでその豊かで幸せな都市生活を初めて見た人々には、乾ききった大地に点在する農村も歴史ある地方都市も、古めかしい城壁に閉ざされた小さな世界に見えた。[*6] 南部農村の家族と社会の、封建的で閉鎖的な暮らしは、戦後の自由な空気を吸った若者には嫌われた。農地解放で手に入れた農地をぜひとも子供に継がせたいと思った日本の元小作農家とは、この点が違う。

こうして、大部分の南部の若い農民はまず都市に逃げ、復興と共に北部の工業都市に移住し、さらにその北のヨーロッパ諸国、そして昔からの移民先アメリカに加え、アルゼンチン、ブラジル、オーストラリアと次々と移住先を変えて海を渡った。そのため南部では農業の近代化がさらに遅れ、この大離農で農村社会は疲弊していった。この影響でイタリア全体の農業も衰退した。50年に国内総生産の34%を占めた農業は、60年には20%に落ちた。[*7] 食料自給率も低いままだった。

3　欧州経済共同体による自由化と所得補償・価格維持政策

一方、戦後のイタリアは、国際社会への復帰に熱心であった。美しく元気な村づくりに大きな影響のあった転換は57年3月25日、ローマの中心カンピドーリオの丘にあるカピトリーノ宮殿（現美術館）で起きた。現在のヨーロッパ連合、ＥＵの前身、欧州経済共同体（ＥＥＣ）発足の「ローマ条約」の調印である。今は27カ国にまで広がったＥＵは、フランス、西ドイツ、オランダ、ベルギー、ルクセンブルク、イタリアの６カ国から始まった。

すでに52年、欧州石炭鉄鋼共同体条約が調印され、57年のローマ条約では経済全体の統合とエネルギー分野の共同管理へと共同の内容を広げた。経済の統合、つまり市場統合とは石炭・鉄鋼で始まり、次が農産物だった。ＣＡＰと呼ばれるＥＵの農政は、翌58年７月のストレーザ会議で細部が確認され、60年に加盟6カ国が承認、62年に実施された。他分野に先駆けて、農産物の市場統合、自由化が起き、欧州農業の戦後史が始まった。

この影響でイタリアの農業は大転換を強いられた。20世紀前半には小麦すら大量に輸入していたイタリアは、ファシズム期の大干拓事業や戦後の農地改革で増産が進んだものの、戦後の50年代になっても農産物の貿易収支は赤字、食料はまだ自給できていなかった。一方で工業化が進み、農村では人口が流出し、耕作放棄地は増えていた。南北では農業の内容も農村の状況もバラバラ、農業と農村の再生は、統合された欧州市場で、他の5カ国と競い合う厳しさの中で始まることになった。

わずか21年を挟んだ2回の世界大戦でイタリアは疲弊し、農業は深刻な国内問題でもあった。しかし、戦後とは東西冷戦の時代、国際協調なしに、新しい共和国は成り立たないという強い認識がイタリア国民にあり、最初から欧州統合の取組みに参加した。だから、農業問題も世界的視野、ヨーロッパ的視点で考える必要があった。

とはいえ、EEC諸国の農業と競争するために自国の農業を変え、世界市場でEECが占める位置にも影響されつつ、イタリア農業と農村の生きる道を模索するのは容易ではなかった。しかし、CAPによる膨大な資金がイタリアの村づくり、そしてアグリツーリズモやオーガニック農業の推進の大きな力となったことは、その後の大収穫だった。

ＣＡＰはＥＥＣ加盟国の農業生産の近代化と効率化、農業者所得向上、そして価格安定と食料確保を目的に開始された。62年に「農業誘導と補償の基金」(European Agricultural Guidance and Guarantee Fund) が設けられた。基金はＥＥＣ予算として、農業経営改善投資への助成、条件不利地域への助成、若年農業者支援に充てられた。また、農産物の最低価格補償のための市場介入費、輸出補助金、農産物価格引下げを補う直接支払にも充てられた。

当時のＥＥＣ加盟６カ国[*8]はそれぞれ自国の農業の保護政策に熱心で、農産物の市場価格維持で農業経営を安定させ、農家の所得を維持していた。しかし、ＣＡＰの生みの親とも言えるマンスホルト[*9]が主張したように、食料不足は急速な戦後復興ですぐ解消し、欧州市場にはすでに過剰農産物が溢れていた。そのためＣＡＰでは、各国の保護措置を調整し、ＥＥＣの財源に一元化したのである。その上で62年市場統合、そしてＥＥＣ全農業市場の保護のため一体となった関税や輸入制限等の措置をとることとした。その後もＣＡＰによる農業誘導補償基金は、ＥＵの政策の中心として一時は、総予算額の６割を占めたほどである。

しかし、開始当時はＥＥＣ内の貿易自由化は大打撃となると怖れた農業団体が、保護措置の継続を求め、関税は廃止して市場は統合するものの、手厚い保護措置は継続するという妥協のうえでＣＡＰが始まった。現在でもＣＡＰは生産高と耕地に対応した補助金を農家に直接支払う制度と、農産物の価格維持の仕組みが中心になっている。

国ごとに異なっていたのは保護措置だけではない。そもそも農地と農業が違う。イタリアにはフランスと違い優良農地は少ない。ドイツと違い農業技術は低い。オランダと違い集約化も遅れている。減ったとはいえ農村にまだ過剰な人口が残り、農地改革も小規模、その実施も遅れていた。そして南北格差が大きく、離農は特に南部で激しかった。

市場の自由化は段階的に進んだが、価格調整の対象となった農産物は多い。[*10] イタリア各地では作付けが違い、農産物の価格調整で有利になった農家と不利になった農家に分かれた。また、乳製品など、他の先進農業国の生産性の高い農産物が国内市場に入ったことで影響を受けた農家が多かった地域もある。そのため、イタリアでも地域ごとに農業政策を考える必要があった。

一方、農業市場共同化に熱心だったオランダは、農業生産性が高く、それも戦後復興で急速に上昇しつつあったため、西欧の食料市場に農産物の生産調整が不可欠と見ていた。西欧最大の農業国フランスの農家所得を維持し、市場調整を図るためには、6カ国それぞれに急速な農業近代化が求められた。百年は遅れていると言われたイタリアでは、農業と農村の復興と改革、市場共同化の中で、集約化によって生産性を向上し、農家の所得を上げるという極めて困難な課題に直面した。[*11]

この当初の課題を解決する政策の一つが脱小麦だった。古代ローマ時代以来、2千年以上も作り続けてきた小麦を止めるのは難しかったが、パスタの原料のドゥラム（硬質）小麦に特化することで活路を開いた。また、西欧諸国の市場で競争力をもつオリーブ・オイル、ワイン、果物を作り、その付加価値を上げるための努力が始まった（表5・2）。しかし、その後、ギリシャ・スペイン・ポルトガルのEC加盟[*12]で、市場競争力にもかげりが見えてきた。

イタリアは長年CAPに協力的だったが、近年は距離を置く姿勢をとっている。[*13] CAPが価格維持を通じた所得補償方式から、農村の総合振興方式に転換しつつあるためだという。オルチャ渓谷の成功は例外なのである。また、農家の間にはCAPがイタリアの伝統的農業を変質させたという批判が強い。多様な地域には零細な農家がまだ多いことも、他のEU諸国と異なっている。

とはいうもの、現在のイタリアの農業政策にはCAP由来のものが多い。特に、デカップリングとセットアサイドという二つの重要な政策はイタリア発ではない。独自では解決できなかった南北問題に対しても、CAPの好影響が出ていると思われる。もちろんアグリツーリズモもオルチャ渓谷の取組みも、CAP抜きには語れない。

表5･2　主要先進国の農産物自給率比較（2005年）　（単位：%）

	アメリカ	EU15	フランス	ドイツ	イタリア	イギリス	日本
穀類	127	108	175	132	80	88	28
肉類	109	104	105	96	80	70	53
砂糖類	81	110	174	125	80	55	34
野菜類	97	100	88	44	125	47	83
果実類	82	82	76	42	112	6	44

（資料：FAO、世界食糧農業機関、FAOSTAT）

4　所得補償と過剰生産の悪循環を断つデカップリング政策への転換

ＥＵに限らないが、多くの先進国の農業政策の中心は、農業に従事する人と、工業やサービス業に従事する人との間の、所得格差を縮める点にある。安価で安定的な食料生産は必要だが、農家の所得を上げなければならない。この難しさは、個々の農家が生産性を上げると市場に農産物が溢れ、価格が下がるという矛盾点にある。そのため、農産物の過剰を避けるため生産量、作付面積を調整し、市場価格を維持して、所得を補償する。一方で輸入農産物を高関税などで規制しなければ、生産調整はできない。しかし、他の産業の発展のためには、農業のためだけに、貿易の自由化を拒否し続けることは難しい。

生産量に合わせて農家に直接所得補償金を支払うと、農家はさらに生産性を上げようとするため農産物は過剰になり、さらなる生産調整が必要になる。所得補償には過剰農産物問題がカップルでついてくる。日本の米作でも長年起こった問題である。この矛盾を避けるために米国やＥＵが採用した政策がデカップリング、所得補償と過剰農産物の悪循環を断つ政策である。切り離さないと、農家は所得を上げるために生産量を上げる。逆に、所得を上げ生産量を減らせば、労働を減らすことで、収入つまり補助金を得るという矛盾が起こる。こんな政策に一般の国民の支持を得ることはできない。

　ＥＵでは、まず農家への所得補償を減らし、農業生産を諦めさせる一方で、別の所得の道を拓く政策をとった。85年「共通農業政策の展望」の中で、農法の転換支援のために補助金を出すとした。農法の転換とは、従来の集約的農業から有機農業への転換、環境保全型農業の推進である。ＥＵ農業の持続可能性のためにも必要な政策である。そして、農家の所得を向上させる農村観光による所得の道も補助金の対象にした。この転換には、ＥＵ諸国では80年代に環境問題への関心が高まっており、持続可能な農業が熱心に検討されていた背景がある。

　ＥＵはすでに75年に始めた条件不利地域の助成策で、中山間地域の貧しい農家の所得を補償し、過疎化を避け、公益性を持つ地域の環境や景観保護を進めていた。イタリアには条件不利地域が多く、この効果で丘陵地の農業が維持されてきた。しかし、所得補償があったため、英国などで一部の農家が生産性を上げ、かえって環境破壊が進んだこともあり、[*14]条件不利地域への助成は大幅に見直された。環境保全政策が進んだために、中山間地域だけで環境保全型農業を推奨することもなくなった。

　一方、中山間や島嶼部の条件不利地域には粗放農業が多く、環境保全型農法は始めやすい。すでに述べたように、このＥＵの補助金でシチリア州、サルデーニャ州で90年代には有機農業が盛んになった。しかし、この程度では過剰農産物を抑制できず、価格の維持も難しい。全ＥＵ規模で農法を転換し、集約農業を脱し、生産量が下っても高く売れ、環境保全につながる農産物を増やさなければならない。そのため、同時に有機農産物が市場で高く売れる仕組みが求められた。まず、補助金を受けるために農家に環境保全型農業を義務づける。環境保全義務には土壌管理、土地利用管理が含まれ、土壌を疲弊させる過剰な生産を制限する。農家の有機農業転換を助成し、より有機な農産物が高く評価される認定制度も整えた。そして、環境保全型農業を進めるためには、消費者の有機農産物に対する関心をさらに高めなければならない。食文化も発展させなければならない。産地や品質にこだわり、トレーサビリティを上げ、またアグリツーリズモを通じて、農村で安全な食の魅力に触れるとともに、美しい農業景観がその価値の一部であることを理解してもらう必要がある。

5　地域資源を豊かにした環境保全のための農地転換政策（セットアサイド）

88年にはもう一つ、環境保全のために農地転換を進めるセットアサイド政策[*15]が始まった。農地の一部を環境保護の目的で耕作せず、脇に置くことで補助金を受ける仕組みである。もちろん、ただ放棄するのではない。耕作しない農地では肥料等は入れずに、自然のままに放置し、草が生えても牧草として収穫することはしない。セットアサイドされる農地ごとに、維持する指針を明記した管理計画を提出する。それも数年単位の中長期計画で、中世の三圃式農業の再現のようにも見える。この間に、土壌が回復するため、集約農業から有機農業への転換を進めるうえでも役立つことになる。

こうしてセットアサイド計画は、資源としての農地を保全する意味があり、休耕地として生産調整の役割も果たす。加えて、自然環境と農村景観の保護への補助金にもなる。農業と農村の持続可能性にとって、不可欠な政策だと考えられた。

実際、ポー河デルタ地帯ではファシズム期に始まった大規模な干拓農地の一部がセットアサイドされた。この場合、小麦畑を牧草地にするのではなく、干拓用のポンプを停め、湿地が昔の自然林に再生された。80年代以降、こうしてエミリア・ロマーニャ州のラベンナからヴェネト州のコマスキオ周辺に広大な自然公園が広がった。

また、08年に世界遺産登録されたロンバルディア州マントヴァとサッビオネータ周辺では、世界遺産のバッファーゾーンとして農地が水域と自然緑地に戻されようと

写真5·1　世界遺産に登録されたマントヴァ周辺の水面に戻された農地

している（写真5・1、2）。干拓農地ですらセットアサイドされるのだから、中山間の条件不利地域にある傾斜地の多くは放牧場にされる。放牧にはサルデーニャやシチリアなど遠くから牛飼い、羊飼いがやってくる。中山間でも消費地に近いトスカーナ州、マルケ州で放牧できれば喜んで移ってくる。前述のオルチャ渓谷でも景観保護計画で定められた保護農地の一部がセットアサイドされ、サルデーニャから移った畜産農家がいる。

この成果を環境保全だけに留める必要もない。セットアサイド農地の横の農家はアグリツーリズモを営んでいる。耕作面積は減ったが、環境保全型で栽培した有機野菜を客に提供するとともに、水面ではボート、森林では野鳥や小動物の観察、放牧場では乗馬などのレジャーを提供する（写真5・0）。イタリアのアグリツーリズモでは元々、客に農作業を手伝ってもらおうとは考えていない。機械化された現代農業は素人には難しすぎる。その代わり、地元農家の若者が様々な遊びを手ほどきする。州立自然公園に指定されていれば、ボランティアを含む公園レンジャー（管理人）たちが、近隣の都市から集まり、環境学習だけでなく、楽しいガイドを提供している。

このように田園環境が観光目的に利用できれば、振興補助金の意味が高まる。そして、地域の農業は無理の少ない程度に有機農業への転換を進めることになる。デカップリングとセットアサイドはCAPの環境施策の中心である。CAPはEUの総予算の大半を占めた時代もあったが、現在は3割程度に減った。[*16] とはいえ、イタリアに限らずEUの広大な農業地域の転換に役立って

写真5·2　セットアサイドされ、作付されず、地力回復が図られている農地（ロンバルディア州マントヴァ周辺）

おり、特にアグリツーリズモが盛んなイタリアでは、一部の農家の所得を向上させ、農村地域の経済を活性化する効果があった。

他に、イタリアには山岳部自治体連合（第4章参照）が長年にわたり過疎地域対策を続けていた。加えて70年代以降は地方分権化が進み、国から州政府に農業分野の権限も移譲された。97年からは中央の農業食糧省は農業政策省に改組され、その業務は外国との交渉、特にEUとの関係と国内の州政府間の調整に限定された。国の農業予算の10％だけが農政省に残された。今では州政府がEUの補助金を配分する業務を担当し、それぞれの農業政策に沿って地域の運営を担っている。さらに、20の州とその下に全国で110ある県との間の分権も進み、農業政策の地域性が発揮できる。コムーネ（自治体としての村）の発言権も責任も、より重要なものに変わった。だから、イタリアでは、国やEUが進める農業政策とコムーネを単位とする地域発意型の地域の村づくりが別個のものとして捉えられている。

6　地元で総合化され地域づくりに活かされる農業政策

しかし、コムーネはEUや国、または州の出先機関として個々の農家への直接支払い業務を代行する機関ではない。そのため、その執行が村づくりにどのように影響するかを考え始めた。つまり、土地利用など都市計画権限を使いつつ、農家と交渉し調整することが村づくりを進めるうえで有効だと考えるようになった。

そうすると、州政府が提供する商工、観光などの事業費と併せ、コムーネ独自の村づくり策を立案できる。国や州では省庁、部局ごとにその分野ごとの政策、施策、事業があるが、コムーネでは小さければ小さいほど、それらを総合化して村づくりに役立てようとする。ＣＡＰの補助金を役立て、有機農業を盛んにして農家の所得を伸ばすこともできる。あるいは、土地利用規制を厳しくして農地を州の自然公園に変えることもできる。そして、その周辺の農家に相談して、アグリツーリズモが増えやすいように都市施設を改造・整備することもできる。

第３章で紹介したスローシティ協会に参加した市長たちは、単にスローフードの理念を語りあったのではない。具体的な財源の手当てがあったからこそ、スローフードからスローシティに、そして地域再生に拡大する方法論を論議したのである。農業が衰退一途から成長産業に転ずれば、過疎地域にも明るい未来が見えてくる。

第４章で述べたオルチャ渓谷でも五つの小さなコムーネは共同して事業を進めた。その財源を見ても、ＥＵ、国、州、県、そして山岳自治体連合という五つの公的機関から事業費を得ていた（前掲表４・２）。もちろんその費目が同じであるはずはないし、政策分野も異なった補助金である。並行して、地元銀行の財団を含む民間から、これも目的の異なる資金を集める努力を重ねてきた。

こうして、ＣＡＰが目指す環境保全型農業、特に有機農業への転換は村づくりに活かされるようになった。農家や農村コムーネでは、アグリツーリズモやそのための景観保全に積極的に取組み始めた。そして、その方針を徹底するために、より広範な施策メニューを住民参加で進めるためスローシティの理念が発達してきた。この総合的な地域政策こそ、近年のＣＡＰがデカップリングで目指した方向でもある。

高度に集約化され、膨大な肥料と農薬で環境を破壊し、さらに地域の食文化や景観を破壊してきた近代農業を根本的に見直し、村づくりに相応しいもう一つの農業のあり方を模索する道は、地元の住民とコムーネが現地で一つ一つ具体的に切り拓いていった。グローバル化した農産物、食料市場は手ごわい。しかし、多品種少量生産でニッチ市場を目指す戦略は常に有効である。ブランド化にも効果がある。だから、原産地を保証し、品質を規制し、畑から食卓までのトレーサビリティを管理する。ＥＵは高度に専門化された技術を農業に求めたのである。畑の品質には環境も景観も含まれる。そこで、ユネスコの世界文化遺産登録まで活用したのである。農家と地域農業を強くすれば、村づくりは一気に進む。

第6章

マスツーリズムから ゆったりを求める大人の観光へ

写真 6·0　トスカーナ州オルチャ渓谷のアグリツーリズモ

急速に拡大したイタリアのアグリツーリズモは今や約2万、全国の宿泊施設総数の57％に達し、観光産業の一大勢力となった。この数は、日本の農家民宿の10倍以上にもなる。これは、イタリアの農家が創造性を発揮した成果ではあるが、60年以来強いられたEUの市場統合の厳しい試練に耐えた転換の成果でもある。試練の中で一部の農家は社会の変化を受け、同時に進んでいた観光の変化にも柔軟に対応した。今では、アグリツーリズモは、イタリア人の短期観光旅行、中長期のバカンス先として定着し、外国人も26％を占めるまでに国際化した。イタリア観光は、美しい自然、美術館や遺跡だけでなく、田園を目的地とする観光客が増えたことでさらに多様化し、観光の質も向上した。従来の観光地に集中せず、広い地域に観光、バカンス客が分散し地域振興にもなった。この章では、アグリツーリズモが伸びた時代のイタリア観光の変化とその背景にある社会の変化を語りたい。

1　成熟したバカンスは田園に、そしてアグリツーリズモに向う

イタリアでは全国民の何％がその一年間にバカンスを取ったかを「バカンス取得率」と呼び、政府統計局が毎年発表する。59年には11％だった取得率は、09年現在48％、50年間で4.2倍に増加、世界有数のバカンス大国になった。図6・1をみると、まず85年の46％まで急速に伸びた後、99年

の45％にいったん下り、さらにその後21世紀には03年に51％まで増えたものの、そこから減少に転じている。

85年頃は、国民所得がまだ上昇していた。したがって、経済的な理由でバカンス取得率が下がった訳ではない。その後、90年代のさらなる所得上昇期を経て、00年代に1人当たりの国内総生産額は減少に転じた。だから、現在の取得率の下降には経済的理由も影響していると考えられる。

また、バカンス取得率を州別にみると（図6・2）、もっとも高いロンバルティア州では70％、もっとも低いカラーブリア州で20％台前半、シチーリアなどの島嶼と南部州が低い。第3章で述べたように国民所得の南北差は少しずつ減少しているが、バカンス取得率の差は縮まりそうもない。経済的理由に加えて、第二次、第三次産業従事者の多い都市部の国民にバカンスをとる傾向が高いことが分る。

アグリツーリズモはバカンス取得率の上昇が止まった80年代後半に伸びた。だから量的な拡大ではなく、都市部の

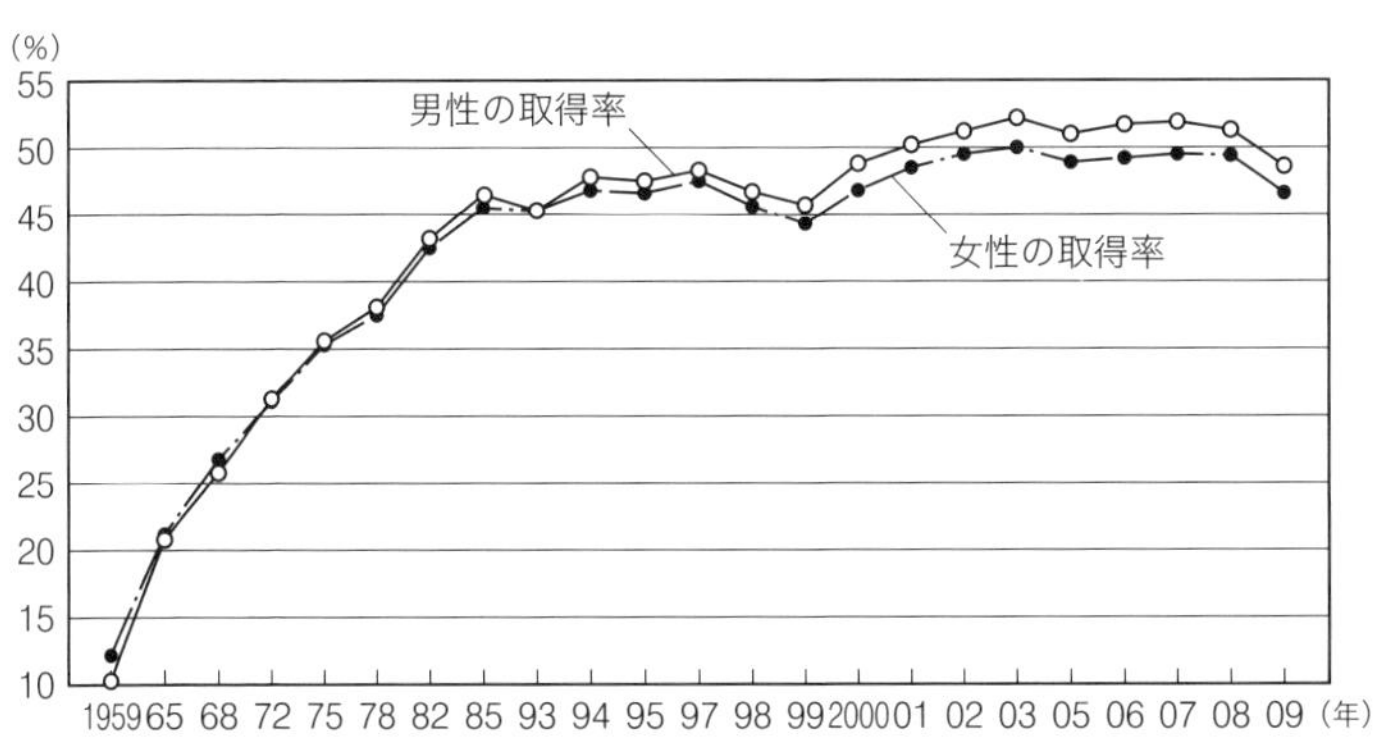

図6·1　イタリア人のバカンス取得率推移（資料：ISTAT、イタリア政府統計局）

住民がとるバカンスが質的に変化して生まれたバカンス形態である。そして、バカンス取得率が減少に転じた現在も、アグリツーリズモは減少していない。そこで、このバカンスの変化を時代ごとに見てみよう。

バカンスは19世紀までは貴族や限られた富裕階級のものだった。それが大衆化したのは30年代、まずフランスの休暇制度で始まった。36年の選挙で人民戦線派が国民議会で多数派となり、レオン・ブルム社会党党首の内閣が通した労働者に2週間の有給休暇を定めた法律が端緒になった。[*1] その3年後に第二次世界大戦が始まり、バカンスは戦後になってようやく普及し、休暇は56年に3週間に、69年に4週間、82年に5週間と徐々に拡大し、現在は7週間にもなっ

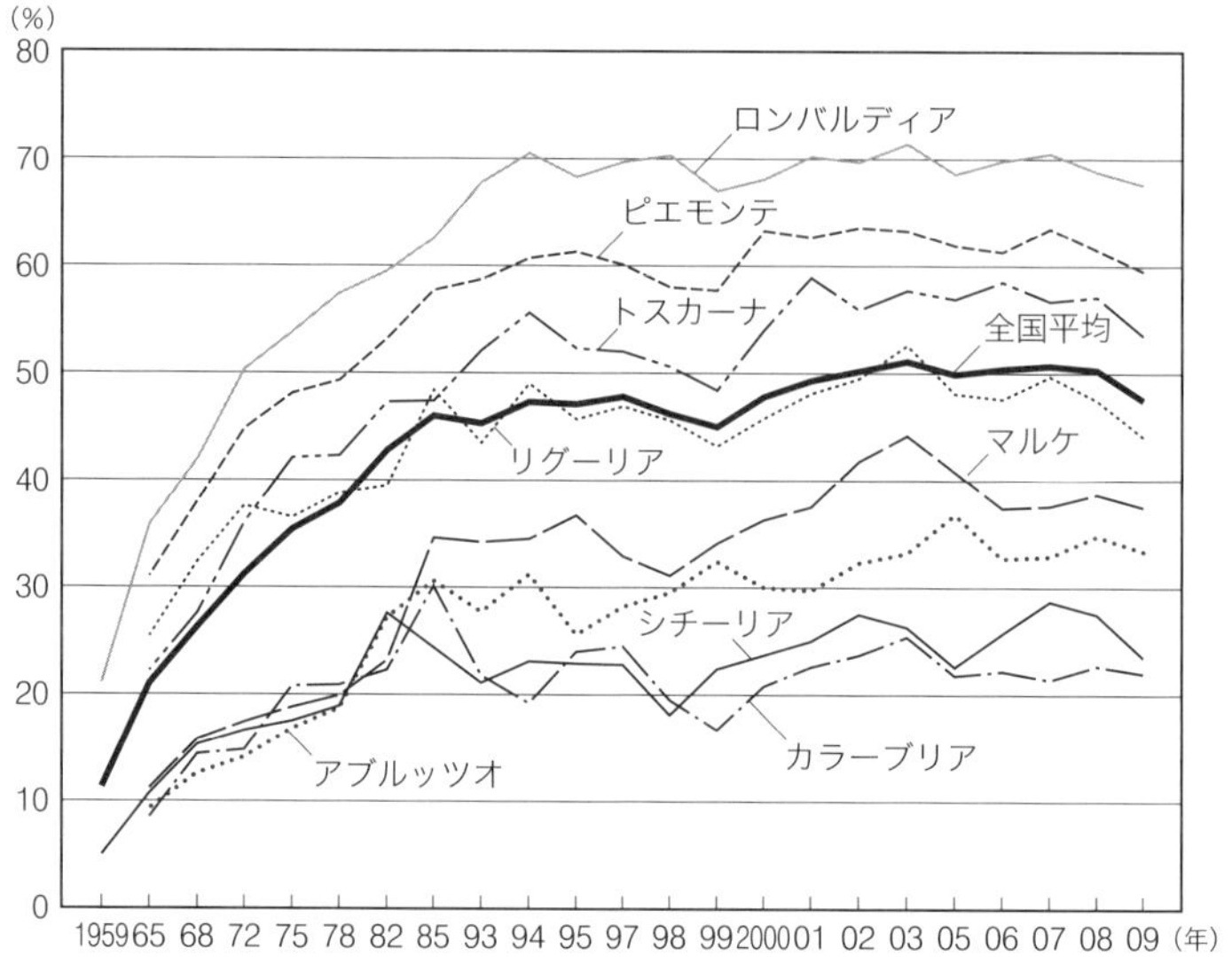

図6・2　州別のバカンス取得率推移（資料：ISTAT、イタリア政府統計局）

た。

イタリアではファシスト政権が労働者のレクリエーションを振興した。[*2] ドーポ・ラボーロと呼ぶ労働生産性回復のための社会活動で、福利厚生と娯楽を用意した。芸術やスポーツ、夏の海、冬の山を楽しむ公的施設も普及させた。フランス同様に戦後、バカンスが制度化され、47年制定の共和国憲法では第36条に労働者の権利としても認められた。

この流れは日本にも及んだ。戦後直ぐ厚生省が、後に環境省が国民宿舎・国民休暇村、厚生年金施設など官営リゾート施設を開発した。全国の観光地では公営施設が復興が遅れた民間事業を圧迫した側面もある。運輸省もまず外貨獲得のために観光を振興したが、今も国内市場の割合が圧倒的に高い。

さて、戦後のフランスでは大衆化したバカンスに対応して、リビエラ海岸など地中海沿いで公的資金を投入した値段の安い公営リゾートマンションが増えた。イタリアでも戦前にはムッソリーニの指導で、ローマ近郊のリド・デイ・オスティアが整備され、戦後にも各地に海浜リゾート地が増えた。そのため、70年頃までの拡大期にはバカンスと言えば夏、それも海が中心だった。

50年代の奇跡の経済成長で、イタリアではバカンスが急速に拡大、次の60年代には自家用車が普及し、バカンスは夏のビーチが中心となった。リゾートホテルが流行り、70年代には別荘ブームも起き、80年代にはより大衆的な民間リゾートマンションが普及した。

一方、80年代からは海外旅行も増加した。所得水準が順調に上昇していた時代である。海外でバカンスを楽しむイタリア人は82年6.4％、その後99年23％、08年25％に拡大した。その反動で、国内の観光地では国内の客が減り始めた。しかし、国外からの観光客が増えていた。英独などバカンス大国から夏のイタリアのビーチに来る客が増え、英国人に人気のエルバ島、ドイツ人が多いイスキア島など住み分けも進んだ。もちろん、歴史・芸術都市には世界中の観光客が集中した。同時に、イタリア人の国内でのバカンスの過ごし方が変化していった。

バカンス取得率の伸びが停滞した85年から00年頃までは、4人に1人が海外へバカンスに出かけた。東南アジア、インド洋、中南米などのビーチリゾートが活況を呈した時代である。その後、00年代にバカンス取得率は微増、海外旅行客数が伸びない分、行き先は国内か、外国とはいってもEU圏内が増加した。日本人同様、イタリア人の海外旅行もピークを過ぎた。しかし、その反動で国内旅行の減り方は少ない（図6・3）。

こうしてみると、バカンスも海外旅行もすでに拡大期が終わり、成熟期に入ったことが分かる。中高年イタリア人は、一部はすでに半世紀以上、残りの大部分も四半世紀以上、毎年バカンスを取り続けてリピーターになっている。イタリアの主なビーチ、海外の著名リゾートを経験し、歴史都市の文化遺産、美術館などもすでにたびたび訪れている。一通りのバカンスを経験した現在、初めの頃とは違う落ち着いたバカンスを求めている。何十回目のバカンスであれば、気候や町並みに馴染みのある街がいい。食事もイタリア以上に美味い国はない。気楽で値の張らない小さな宿、レストランが滞在先に選ばれるのだろう。飽くことを知らない遊び心に、新鮮なアグリツーリズモが喜ばれたようだ。

現在の若い世代は生れた時からバカンスを知り、やはり各地を回っている。貧困から抜け出した世代のように海外のリゾートに強い憧れを持ってはいない。最初から手頃なバカンス先を選ぶ知恵がある。新しいライフスタイルにも敏感に反応する。だから、熟年にも若年層にも受け入れられる。その意味で、20世紀末から21世紀初頭のバカンス成熟期に成長した新しい観光形態の一つがアグリツーリズモだと言えよう。

一方、高度経済成長が一段落した日本では、労働条件は時間、賃金の面でかなり改善された。しかし、まとまって休むバカンスはついに普及しなかった。87年のリゾート法の効果も上がったとは言い難い[*3]。年間労働日数はすでにOECD諸国並みに減ったが、年末年始、ゴールデンウィーク、お盆の

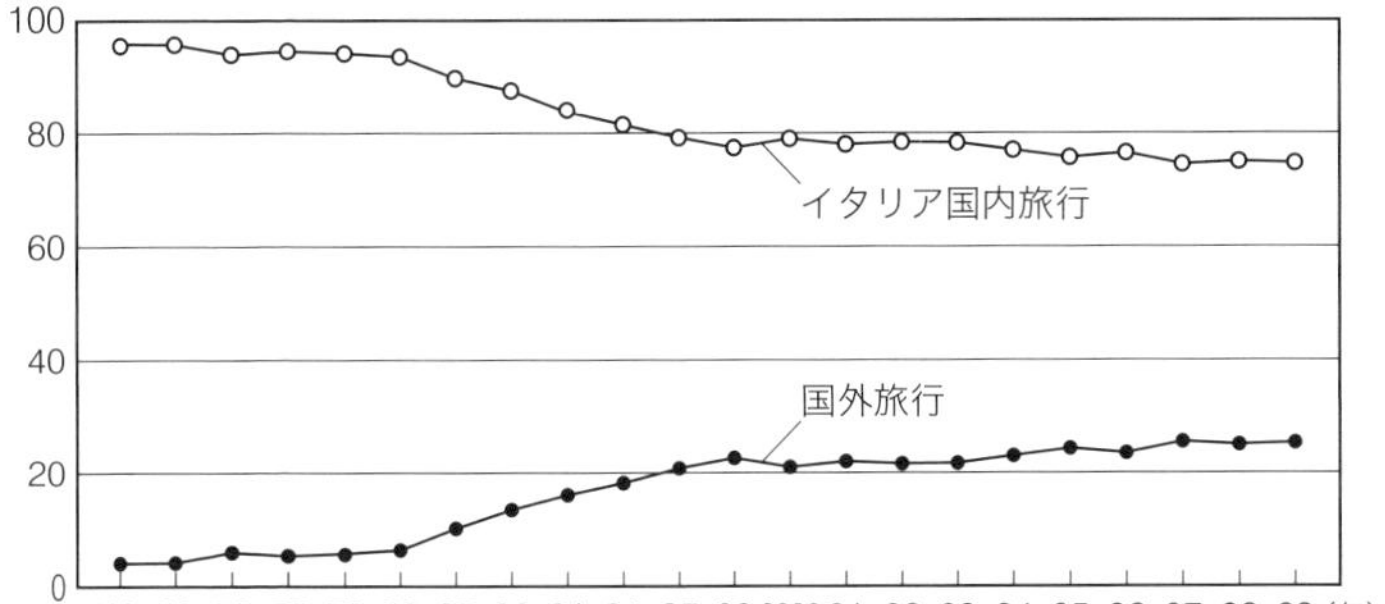

図6･3　イタリア人の国内旅行と海外旅行（資料：ISTAT、イタリア政府統計局）

3期に分けた最大10日程度の休暇が一般的で、バカンスとはいえない。反面、日本の国民の休日は先進諸国でもっとも多い。05年には、戦後一貫して伸び続けた国内観光市場が減少に転じた。[*4]今や量的な拡大が終わり、質的な変化が起りつつある。

海外と国内の観光客の割合が安定した状態が、イタリアとほぼ同じ00年代中頃から日本でも見られる。この成熟しつつある観光市場をどう受け止めるかは、国内ではまだ議論もされていない状況である。[*5]人口が増加し、経済が成長する時代には観光市場も拡大した。まず若い観光客が増え、続いて中高年が増えた。若者は、まず海や山のリゾートに集まった。その後、人口増加が止まり、少子高齢化が進むと中高年の観光客が増えた。その中高年は若い頃、海や山で毎年遊んでおり、それに飽きた一部の客が文化都市に集まった。さらに高齢化が進んだ段階では、同時に都市化がさらに進んだ反動があり、バカンスの滞在先に田園が選ばれるようになるだろう。量的には減少するが、質的には充実し、観光行動が多様化した段階だと考えられる。EUの都市観光と田園観光の振興政策は、成熟した観光市場への対応を促進させるものであり、成熟化が進んだイタリア人は都市観光の次に、よりスローなバカンス、アグリツーリズモを選択したのである。日本に当てはめて考えれば、熱海より湯布院、そして黒川が人気の温泉地となる。京都や金沢だけでなく、小布施の美しさに一部の人が集まる。さらに進めば、もっとも美しい村々を訪ねる人が増えるだろう。これは観光市場の成熟化の一側面である。

2　都市観光から農村観光へ力点を移したＥＵの観光政策

ヨーロッパ諸国でも戦後復興期には、外貨獲得を目的に観光振興政策が発展した。主要な歴史都市を目的地とした都市観光が拡大し、50年代には、歴史や文学、そして映画の舞台となった有名観光都市を回る観光ルートが盛んに宣伝された。戦前までの教養旅行[*6]を大衆化したものである。その効果は抜群で、マスツーリズムの原動力となった。反面、過度の集中は文化遺産破壊など観光公害を引き起した。[*7]とはいえ、70年代から80年代にかけての産業が停滞した地方都市の再生策として、都市観光は各国の振興策の中心に置かれるようになった。特に歴史的都市の再生は文化観光を振興することで市民に職と所得を提供するものと考えられた。

ＥＵの都市観光政策の代表が「ヨーロッパ文化首都」事業である。83年にギリシャのメリナ・メルクーリ文化相が提案し、ＥＣが補助対象事業として取り上げ、アテネで85年にスタートした。その後、この事業は第6回のグラスゴー（90年）で、大量の文化イベントで観光客を集め、結果として3千200万ポンドの観光収入を上げたという。実際、この頃からコンサートや展覧会などイベントのために旅する市民が増えてきた。文化が観光になり、都市観光の経済効果が拡大した。

このグラスゴーの都市活性化の経験が注目され、00年には一度に9都市が文化首都に指定され、

19年までのリストがすでにできている。05年10月にマルタで開催されたEU第4回観光フォーラムの記録を見ると、文化はヨーロッパの多様性を表現する一方、世界に訴えるべきヨーロッパのアイデンティティとして重視され、文化の消費である文化観光がEUの将来に重要な役割を果たすとの認識が見られる。[*8]

この都市での成功に刺激を受けて、衰退した農村地域でも同様に、アグリツーリズムやグリーンツーリズムが従来の農業政策を補強するものとして重視されるようになった。そのためEU観光政策アクションプラン'97は田園観光を重視し、環境・農業部門と密接に関連した地域政策補助金を用意した。[*9]農山漁村を新形態の観光活動の場とし、農村の文化遺産を訪ねる、田舎の遺跡でコンサートを開催する、自然公園でイベントを開く、そして農村の祭を活用し、食のイベントを企画するなど、地域の文化、自然、そして農業を、特に食文化・ワイン文化と共に観光に結びつけようとした。成熟した都市の住民は、都市観光と同様に新しい田園での観光にも関心を示した。

地方自治体は、観光施策の質を向上させ、周辺環境の整備にも取組んだ。農村の土地利用・施設への規制が、市街地並みに詳細になった。詳細なだけでなく、生態系・文化的景観に配慮し、都市の建築家・デザイナーに依頼した優れた施設も増えてきた。

文化首都事業が都市観光を振興したように、スローシティや美しい村連合は、全国的な規模でアグリツーリズモを振興している。文化首都ほどの華やかさはないが、スローフードは、イタリア各地で様々なイベントに大勢の客を集めている。イタリアの様々なメディア上では、今では食に関わる情報の方が文化芸術の情報より多いと感じる。実際、視聴者の反応がいいのだろう。

3　ユーロフォリア時代の観光客急増

日本がバブル崩壊で経済大国の自信と余裕を失った90年代、米国はグローバル化で超大国としての繁栄を謳歌した。ヨーロッパでも90年代初めには製造業が構造的不況から脱し、社会主義体制の崩壊で東西冷戦がついに終結、新市場も生れ、高揚感が経済界を中心に社会全体に満ちていた。91年12月にマーストリヒト条約が調印され、通貨統合と、ECからEUへと統合が一層進んだ。第二次大戦復興以来のこの好景気を「ユーロフォリア」と呼び謳歌していた。

同時に、旧社会主義圏では経済再生が始まり、EUは東に経済規模を拡大させた。中には混乱が長引いた東側の国があるし、西側にも高失業率や過度な社会保障費の負担に苦しんだスペインやイタリアのような国もある。また、為替相場の危機も再三に及んだが、マーストリヒト条約は締結後わずか2年で発効されることになった。その結果、EU圏では株価が上昇し、外国からの投資も増加していった。

90年代にはEUでは観光客数も急速に増加した。国連世界観光機関（UNWTO）の統計では

90年代の10年間、EU全体で観光入込客数は43％増加、政情が安定したスペインで特に増え、イタリアでは冷戦終結で東欧からの客数が急増した。要因は他にもある。90年代には国策航空会社の民営化が進み、オープンスカイ政策でEU内に格安航空会社が増加、過剰な運賃競争で航空運賃は劇的に下った。国内と同額かより安い値段でEU圏内主要都市への観光旅行が可能になった影響は大きい。

もちろん、EU圏内の旅行にはパスポートも要らず、両替も要らない。クレジットカードはもとより、キャッシュカードでもユーロが引き出せ、店での支払いもできる。EU市民には、消えた国境の向こう側、まだ知らない国の見てみたい町や村は多い。遠くの国に出かけるよりも、時差もなく言葉も通じやすい国は若者にも高齢者にも優しい。通貨統合のメリットを、こうしてEU市民の多くが観光面で享受し始めた。

90年代の観光の伸びを見ると、EU諸国の中ではイタリアの54％増は大きい。もちろん、英国39％とフランス42％の伸びも十分に大きい。その後も伸び続けたフランスは21世紀初頭にイタリア、スペイン、米国を凌いで世界一になった。そして、00年代になると、90年代とは一転、EU諸国全般に観光客数は伸びなくなった（図6・4）。その理由を探ってみよう。

国連世界観光機関統計で、各国の入込客を出発国別に見ると、90年代に急増した、フランス、スペイン、イタリアではEU圏外の客数の伸びが大きい。一方、外国人の伸びが比較的少ない英国、オランダは90年代に総数が伸びたが急激ではない。EU圏外からの客数の伸びは少なかったが、大部分を占めるEU圏内の観光客が増加していたのである。EU圏内と圏外では観光客の目的地、行動内容が違う。そのため、EU圏内の客の割合が増えた国では、その影響が大きかった。

11年の東日本大震災による原発事故までは、順調に伸びてはいたものの、日本では外国人観光客の割合が低い。事故前5年間で外国人観光客比率は6～8%程度である。また、外国人といっても、韓国、台湾、中国など東アジアからの客が多く、目的地や行動内容が欧米人とは違う。

EU諸国では外国人観光客の割合が高い。観光消費額を国民・外国人シェアでみた統計[*10]で、外国人観光客消費額シェアが高い国はスイス58%、オーストリア53%、スペイン45%である。逆に、低い国は、英国18%、ドイツ17%等である。最低クラスのドイツでも、日本と比較すれば差は3倍もある。外国人のシェアが多い分、目的地、行動、消費

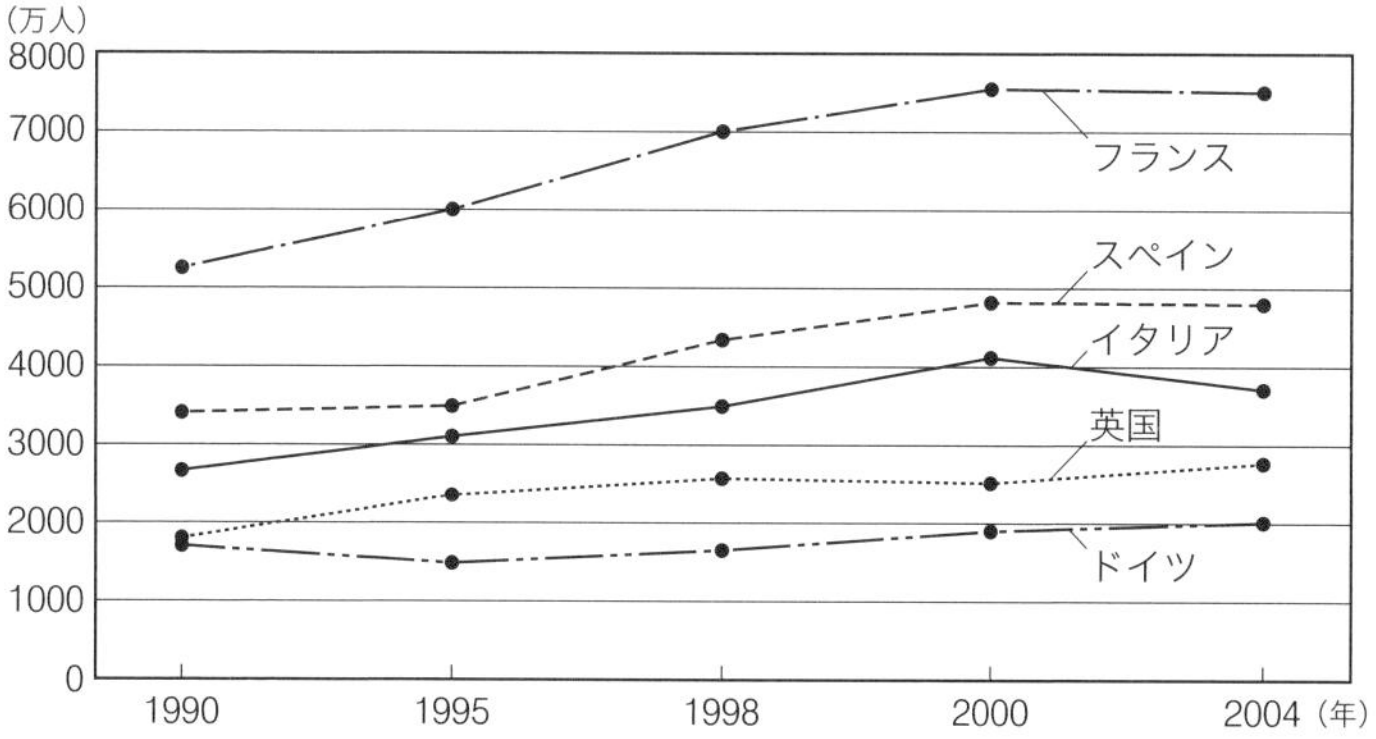

図6･4　1990年代のEU諸国の観光入込客数の推移（資料：UNWTO、世界観光統計資料集）

の内容も多様になる。

90年代の好景気でEU圏内を観光するヨーロッパ人観光客が増加したため、外国人依存の高い国でも低い国でも観光客数は伸びた。急激な増加の陰に埋没して見えにくい傾向ではあるが、増え方が急だったイタリアやフランスでは、EU圏外の客とは別に、志向が成熟した自国民を含むEU圏内の客への対応が進んだ。

そこで、観光地別に観光客数の増減を比べてみよう。90年代は夏の海、冬の雪山等、従来の観光地の伸びが止まり、EUの政策もあって都市観光と農村観光が大きく伸びた。アルプスの国スイス、地中海のリゾートが盛んなスペインやギリシャ、ポルトガルでは大して伸びていなかった。反面、イタリアやフランスの遺跡や歴史都市の博物館の入館者数は大きく伸びた。だから、多様な観光地への分散が進んだと言われる。

ただ、その内容を見ると、ローマやパリ、ロンドンなど大都市で博物館に集まった観光客と地方都市の文化施設に向かった客は違う。文化都市、創造都市と呼ばれるグラスゴー、リヨン、ナント、そしてシエナなど知名度の低い地方都市の美術展、音楽祭等のイベントにも多くの観光客が集まっていた。さらに、より知名度の低い歴史都市でも観光客は伸びており、その周辺の農村でもこの時期に観光客が増えている。成熟したヨーロッパ人観光客が向った先は小都市と農村、中でもイタリア人はスローなバカンスを求め、アグリツーリズモに向っていった。

4　混雑した有名観光地を嫌った国内・ＥＵ内の観光客

こうして、ＥＵ圏外からの観光客が有名な都市を回っている間に、ＥＵ圏内の観光客は新しい目的地として知名度の低い地方都市や農村に眼を向けるようになった。まだ見ぬ地方小都市と農村に魅力があると分かれば、成熟した観光客が次々と訪れる時代になったのである。

ＥＵ圏外からの客は、駆け足で著名観光都市を回ってせっせと買物する傾向が強い。一昔前の日本人に多かった。その前は米国人だったという。日本人の次は韓国や台湾人となり、今は中国人が大挙して買物している。それに比べ、ヨーロッパ人はあまり買物をしない。00年代後半からは所得も伸びないし、高齢者の増加で消費は抑制傾向にある。そして、すでに慣れきった毎年のバカンスや海外旅行で大枚を叩く気が失せている。同様に、大都市の高級ホテルや有名レストランは外国人に譲って、決して混むことのない農村でバカンスを過ごしたいという気持ちも分かる。日本でもやがて同じ傾向が出るだろう。夏やゴールデンウィークのピーク時には、有名な街は観光客で溢れている。そうなると、地元住民は街を離れ近郊の田舎で過ごす、街には住民はほとんどいなくなる。最近の紅葉の頃の京都ではそんな傾向が見られるようになった。

実際、ＥＵ諸国の90年代の観光入込客数推移を国別にみると、前述の外国人観光消費額シェアの低い国での観光客の増加が目立つ。特に英国での伸びは大きい。英国では、自国民を含むEU圏内の観光客が多いのである。文化遺産が多く、著名な歴史都市も多いが、EU圏外の人が訪れる目的地は比較的少ない。90年代に地方都市が多くの文化イベントを実施した効果は、自国民とEU圏内の観光客に集中したようである。

当時は、EUなど先進国の観光客の文化的嗜好は、異文化発見や文化遺産を目的とする古典的なものから、ポップカルチャーなどより現代的な対象を含むように変化していた。富裕階級に限られていたバカンスの時代は遠い昔、ヒッピーが放浪した近過去も去り、ビートルズ世代が高齢に達する時代になった。当然ながら、時代と共に変化する観光客の嗜好、特に世代ごとに異なる文化的背景を理解しないと、観光地は陳腐化する。

70年代から西欧諸国で始まった歴史的都市環境の保存の効果が観光分野に現れたのは90年代である。すでに60年代に始まった都心への自動車流入を制限するモール化の動きの効果も大きい。また、地球環境問題に関心が集まり、低炭素社会への転換も進められていた。これらの社会的変化を背景に、各都市が競うように文化事業を刷新した。

成熟した観光行動は、昔のように極端に非日常的な雰囲気を求めたりはしない。自分の町を離れた点だけが非日常で、旅先でも慣れ親しんだ日常的な雰囲気を好むようになる。安、近、短の観光が増えているのは日本の市場だけではない。ヨーロッパでも、長年にわたって観光を楽しん

写真6･1　アグリツーリズモの午後、昼寝の後は戸外で過ごす

だ熟年層は、新たな体験を求めるのではなく、慣れ親しんだ観光行動にちょっとした、しかし味わい深い感動を求めている。

この流れが農村に及び、アグリツーリズモ、有機農業、スローフード、景観保護が広がった。さらに産業構造がサービス化し、個性的で付加価値が高い地域の中小の商業・サービス業が伸びていた。その消費者は、まず地元住民、そして遠方の自国民、そしてEU圏内の客に広がっていき、観光消費が伸びたのである。

都市観光の消費とは、イベントや芸術分野での文化消費に加えて、多様なサービス産業の消費でもある。それに比べて、農村観光の消費は、付加価値の高い農産物と優れた環境や美しい景観の文化的消費といえる。実際、

90年代には英国やドイツでも地方都市のレストランはかなり改善された。小都市には美しい町並みの町や村があり、その周辺には農村観光地がある。スローフードやスローシティへの文化的関心が高まったために、歴史、芸術、文化と並ぶほどに、食や農村への関心が広まったのだろう。

国内と外国人、両方の観光客を増加させることで、衰退した地方都市の再生を目指す観光立国日本の都市政策にEU諸国の成功事例を活かさない法はない。疲弊した農村の再生にも参考になる考え方である。まだ農村観光政策は始まらないのに、日本国内でも有機野菜の市場は広がり、農業を始める女性が増えている。それにも関わらず、農村側にはこの市場の変化が見えていない。

日本人の中高年には温泉が根強い人気を保っている。女性客も温泉を好む。しかし、一部の地域では、温泉旅館の一見贅沢には見えるが、特色のないお仕着せの料理、センスのない温泉地の町並み、陳腐な遊ばせ方に不満が高まっている。旅慣れた客には退屈なのだろう。それに比べ、イタリアのアグリツーリズモは、施設ごと、季節ごとに違う味わいが供され、田園の多様な風土を活かしたスローなセンスのよさが特色である。だから日本の温泉にはない、全国の観光市場を一変するだけの魅力があった。アグリツーリズモは、ただの田舎を旅するのではない。イタリア人の観光とバカンスの長い歴史の最終章らしく、成熟した大人のまなざしがあり、それは現代的センスで新たに再生された美しい村に向けられている。

5 都会人をうまく受入れた農村

農村、農家で休暇を過ごす習慣はイタリアでは古い。その起源は少なくともローマ時代に遡って説明される。皇帝たちのリゾートは、今もその遺跡が残るナポリ湾のカプリやバイアエの壮大な別荘である。ローマ人が好んだ温泉も多い。現代にも通ずるバカンスとリゾートの原型である。

アイエメネスなどの叙事詩で知られる古代ローマの詩人ヴェルギリウス[*11]は『農耕詩[*12]』に、土地に生きる人々の苦しみと喜びを記した。農耕詩は、兵役で農村を離れた若者が、除隊後も故郷に戻らず都市生活を好んだため、過疎化した農村への帰還を促す意味を持っていたという。退役軍人に効果があったとは聞かないが、古代ローマ以来、都市に暮らす知識人の多くはこの詩に共感し、教養として農業にも親しんだ。実際の農作業の大部分は領地の小作人や奴隷に任せた地主だった。ただし、食に貪欲だったローマ人のこと、領地から得られる美食には相当に熱いまなざしを注いだことだろう。

建築・都市計画はいうまでもなく、文学・法律など制度・科学分野に古代ローマの影響が濃いヨーロッパでは、人々の農へのまなざしの根底に、古代ローマ人の価値観が今も残されている。学校で暗誦させられるラテン語の詩にはヴェルギリウスのフレーズがよく登場する。

その後も、多くの貴族は広大な領地を持ち、生活の拠点を都心に置いた時代にも領地の城館を定期的に訪れる二地域居住を送っていた。長年、農業は主な経済基盤だったから、貴族も多大な関心を持って農地を経営していた。銃器が登場した後は狩猟も発達した。狩りには戸外の食事、ピクニックが付き物で、草原だけでなく、農家の庭先に贅沢な食卓を用意する習慣もあった。

産業革命後の19世紀に登場した資本家出身の新興貴族は、本来の貴族のように領地はなかったが、代わりに農地付別荘を盛んに建てた。彼らの多くは狩猟が得意ではなかったようだが、戸外で食事を楽しむ習慣は忘れずに実行したようである。

実際、農村に出かけ、夏には新鮮な果樹を求め、収穫の秋には盛大な饗宴を催す習慣は今も残っている。天気のよい週末には、郊外のレストランに出かけ、昼過ぎから夕方まで食事を楽しむ習慣もよく続いている。

そして、現在でも農地付の農家を別荘として購入する富裕階級は多い。医者や弁護士、企業経営者ら知識人の一部は、農業は現代に残された唯一の創造的な趣味だとまでいい、多忙な日常から離れた一時の田舎暮らしを楽しんでいる。あちこちで見られる一見は空家だが傷みのない農家風建物の多くは都会人の別荘である場合が多い。そこに、アグリツーリズモを新たに経営しようという都会人が加わっている。こうして、田園へのまなざしが変わる中、懐かしくもある農村での暮らしは、日常化したバカンスとして、一部のイタリア人にはすっかり定着しつつある。農家を買うことはできないが、アグリツーリズモで過ごしたい人が増えるのも十分理解できる。

もちろん、農家を別荘に選び、趣味でワインを醸造する都会人を批判する一部の住民もいる。夢と現実は違うと都会人の失敗を笑う人もいる。しかし、最近ではそんな状況が変わってきた。都会人農家は、農薬や化学肥料を嫌うオーガニック専門、味にうるさいスローフード専門、そしてアグリツーリズモを上手に経営する。そして、何よりも彼らの農園には知人、友人に加え、海外のテレビクルーまで取材に押し寄せる。世の中がスローに変わり、昔ながらの農法を続けている旧守派の肩身は狭くなってきた。

それは彼らが頑なに守ってきた農村と農業の伝統的価値観の崩壊を認めざる得なくなったからである。現代の農業は機械化され、労働量は劇的に減少した。腕力がない女性や高齢者も十分にこなせる労働量になった。忍耐のいる単純労働でなく、創意工夫で日々改善も、省力化もできる知的作業になった。様々な意味で品質管理、産地保証が要求され、消費者との接触も増えたために、変化への対応能力が求められる。村の年寄りの頑固さの意味が足元から崩れ、誰もが時代遅れだと感じるようになった。

それ以上に大きな変化は、都市と農村の関係が変わったことである。産業革命以来、多くの農民が豊かで便利な都会に憧れ、移り住む時代が続いた。それが終わった脱工業化時代の現在は、より環境が優れ、健康的で豊かな食文化のある農村に憧れ、都会から移り住む人が増えている。

交通網が発達し、情報化が進んだ現在では、都市と農村の格差もさほど問題にならない。むしろ、過多な情報から離れた方が人間らしい暮らしができると思う人が増えている。こうした価値観の転換は、都会人と農民の交流を通じて農村にも広がった。アグリツーリズモの客が毎日のように訪れ、農村を賛美する。農村に移住した都会人も日夜農村を楽しんでいる。日々接触する中で農民と都会人の文化接触が起こり、農民の文化も少しずつ変わってきた。伝統的価値観から離れ、都会人が語る理想の農村を受け入れてもいい。それは、工業化時代に都市文明に対抗して唱えた農村像ではない。国民の大半が都市文明に疲れ始めた今、肩の力を抜いて語り合う国民が求める農村像なのである。

一方、日本のグリーンツーリズムはあるがままの農村、あるいは旧守派が描く理想の農村に客を呼ぼうとしているように、私には見える。日本の国民の大部分はまだ、イタリアのようなスローー志向にはなっていないのだろう。イタリアのアグリツーリズモは、従来の農村とは違う。すっかりスローに変わった革新的な農業と現代的農村に注がれる成熟した都会人のまなざしの中で発展した。それが、農村を大きく変える力になった。

第7章

中央からの自立と村づくりの主役の多様化

写真7･0　カラマーニコ・テルメ村の風力発電（撮影：Armando Montanari）

アグリツーリズモは、中部の多くの地域で、また北部の半数以上の地域ですっかり定着したが、南部、島嶼部では、まだそれほどでもない。それに比べて食生活の変化は意外と早く全国に広がった。北部ほど熱心ではなくとも、オーガニック（ビオジロジカ）農産物は普通のスーパーでも小さな専門店でもよく見かけるようになった。

これらの変化でイタリア全土の農村が救われたわけではない。山間部や島嶼には消滅した農村も数多い。消滅したなかには、戦後新たに開拓された村もある。この本で述べたのは、生き残った村々の物語である。

もともとイタリアはまとまりのない国である。分権がさらに進んだ現在、中央と地方の関係は薄い。また地方の動きは相互に伝わりにくい。だから、今でもイタリアでは地域ごとに実情は異なり、旅する者の関心も地域の固有性に集まる。風土や農業が違い、長い歴史のなかで地域それぞれの成果を上げた経緯が違う。戦後の政治的な状況も、また農業の近代化、現代化の取組みも違っている。だから、一つの地域からイタリア全体を説くことはできない。そして地域の固有性に固執する点にこそ、イタリアの村づくりの最大の特徴がある。だから、美しく元気な村づくりは固有の取組みによるものだと言える。

とはいうものの、この本で述べた四つの出来事がなければ、優れたイタリアの村づくりは進まなかっただろう。これらの出来事を追うような変化は、現在の日本でも始まっている。また、第

写真 7･1　サンジミニアーノの特産品の店（ワインがよく売れる）

5章で挙げた57年ローマ条約によるヨーロッパ市場統合による農業政策の転換は、TPPへの参加が実現すれば日本でも避けられなくなる。

第1章で挙げたアグリツーリスト協会設立（65年）は、日本でもグリーンツーリズム協会としてすでに長年活動を続けている。第4章で挙げたガラッソ法（85年）は、日本では04年の景観法に当る。第2章で挙げたスローフード協会は日本にも普及したし、特に女性を中心に国民の食への関心は今までにないほど高まっている。農への憧れも高まりつつある。オルチャ渓谷世界文化遺産登録（04年）に匹敵するものはまだないが、日本でも最も美しい村連合が始まり、農山漁村の景観保護の必要性も議論されるようになった。ただ、スローシティ協会が日本にはない。地方小都市の再生はまだ模索中である。これらの変化が大きな流れにまとまれば、日本にも元気で美しい村が生れるかもしれない。

実はまだ、イタリアの村々が個性を磨く前提になった変化、村々に共通して起こった変化の数々を語りつくしてはいない。だから最後に、戦後70年を経て21世紀の新しい農業と美しい村が生まれた他の重要なイタリアの転換を四つの側面から語る。村人の自立、地方の自立、女性の自立、そして地域の共同化の変遷である。

1　昔ながらに暮らす人と挑戦する人が共生する社会

日本同様に過疎・高齢化はイタリアの農村でも深刻になった。イタリア最大の日刊紙「ラ・レップブリカ紙」(10年5月4日)は、オルチャ渓谷5町村の中でも最小だったサン・キリコ・ドルチャ村を、農村高齢化の例として紹介した。村では85歳以上の住民が、02年と比べ4割増えた。しかし、老人ホームはない。どの高齢者にもすべき仕事があり、ホームには入らないという。手入れすべき農地があり、毎日農作業を続ける。農地を持たない高齢者には、コムーネが市有地の一部を貸し出している。

農園所有者ではない大部分の農民は、城壁で囲まれた丘上の小さな集落で暮らしている。昼下がりや夕方には、ほとんどの高齢者が村の中心の広場に集まる。世界文化遺産の村の広場で、その最大の魅力、美しい景観を見ながら寛ぐ高齢者の幸福を記事は讃えている。

しかし、村の高齢者の朝は忙しい。夜明けと同時に、朝食を手早く済ませ、城門を出て、畑や鶏小屋に出かける。オリーブやブドウの剪定、種まき、収穫の仕事がある。何日もかかる作業はないものの、出かければ何か仕事がある。家畜も多く、その餌やりだけで結構な時間がかかる。自分が食べる果樹と野菜だけだから耕作地は狭い。気が向けば山で茸を狩り、木の実を拾う。こんな暮らしを毎日続ければ、足腰も気力も衰えず。病知らずの高齢者になるという。

記事によれば、大都市郊外のアパートに一人で暮らす高齢者には家事以外に仕事はない。窓から隣の棟の同じ造りのアパートの窓を眺めて暮らす。オルチャの高齢者は、農作業以外にも近隣の高齢者相互に家事を助け合うから、小さな仕事が常にある。だから、日中はほとんど家にいない。記事は、貧しくとも自立した農村の高齢者の暮らしを強調する。そして、一般の老人ホームの介護された暮らしを嘆く。生活にはなにも不自由はないものの、仕事がない。ホームに入れば直ぐ老けるからと、オルチャの村では皆嫌っていると続く。

しかし、インタビューに応じた若い村長は、行政が介入することではないという。高齢者が農地を求めれば応じるが、すでに彼らは適当な規模で必要な農地を相互に融通し合っている。昔風の農業を続ける彼らの農地を取り上げはしないが、敢えて提供するまでもない。農業が得意でも特に好きなわけでもなく、ただ習慣で続けているだけだという。

貧しかった戦前生れの彼らの世代は長年村で一昔前の農業を営んできた。農薬を使い、雑な方法で大量生産用のワインをつくる。50年代頃からほとんど変わっていない。そして、彼らがそれを変えることはない。しかし次の世代は違う。村に住んでいても、農薬や肥料を使う近代農業に批判的で新しい農法を試している。高齢の農民とその農地はやがて放棄され、城壁周りの農地は公園になるだろう。市民農園を用意しても、むしろ近くの都市に住む観光客が使うことになる。

スローフードに熱心な女性の中にはこの村に住み、新たに農業を始める人もいるだろうが、村の高齢者が耕している農地でなく、条件のいい畑を選ぶだろう。

村長は続けて、現在の状態は、農業と農村、そして農地を取り巻くより大きな転換の途上だという。その大転換の中、この村の住民、農家も非農家の暮らしも変わっている。様々な農地も転換の最中、だからこの村は過渡期にあるという。

実際、この20年で村の社会も変わった。新しい農業が始まり、景観の美しさで世界文化遺産に登録された。世界に知られたワインやオリーブオイルを産し、果樹が育つ高額な農地が広がり、グルメが集うアグリツーリズモが人気を呼んでいる。観光客は毎年増加し、少しずつ人口も回復している。とはいえ、トスカーナ州の外れ、貧しいオルチャの農業は常に発展から取り残されていた。戦前の農業開発もなく、機械化、集約化に遅れ、統合市場の悪影響も長く続いた。一大決心をして、環境保全型農業をめざし自然公園を名乗り、セットアサイドの牧草地とオーガニック農業に大きく舵を切った。オルチャ渓谷の農業はすでに、ローマから来た記者がみた高齢者のものではない。見て欲しいのは転換した革新的農業の方だという。

実際、オルチャ渓谷には様々な農地がある。作付けも経営も多様で、小さなサン・キリコ・ドルチャ村の中にも大小様々な農家がいる。高齢者の小さな農園は大切にするが、少人数の高齢農民が耕す段々畑はごく一部でしかない。

資本と技術力を駆使した世界的ブランド農産物の生産者とその農地、新しい農業を精力的に進める中規模農家とその農地、水質や生物多様性、景観保全のための環境調整農地もある。所有者は耕作せず、高額ではないが補助金を受けている。そして、アグリツーリズモを経営する農場がある。だから、地元の高齢者が毎日通う集落周辺の農地だけをみても農業は分からない。

イタリアでも大規模な構造改善事業で大規模農地に画一化し、機械化を進めて生産性を上げることを重視した時代があった。しかし、大量生産方式の工場のように企画化された農業だけでは農家の暮らしは成り立たない。高価なブルネッロ・ワインを産する農地の横で、圃場整備もされない小さな畑で高齢者が家畜の世話をし、オリーブの老木の収穫をする。自分で絞ったオイルも、友人や遠来の家族との食卓に欠かせない。

当たり前ではあるが、農のある村の暮らしは実に多様である。日本にはイタリアよりも多く農家が残っているが、村にこの多様性があるだろうか。各地で新しい農法と農家が農業と村を変えようとしているのだろうか。楽しむゆとりもないまま、わずかな所有農地を守るためだけに、習慣で昔ながらの農作業を続けているだけではないだろうか。

日本の中山間地域では高齢化した自給的農家が徐々に作付けを止め、耕作放棄地が増えている。これを変えるには、農業そのものを変え、新しい農業を始め、都会人向きのアグリツーリズモを始めたい人に農村を開く必要があるだろう。それをしたイタリアの農業は国際競争力をもつ産業に成長し、農村には住む人が増えている。

60年代とは違い、イタリアの小麦の自給率は上がり、ＥＵや世界市場に出荷できる健全な農業経営者は十分に育ってきた。それ以上に、多くの地域が個性的な農産物を開発し、世界に輸出している。小さな産地も工夫を重ね、少量でも優れた農産物を固定客に届ける安定した経営を続けている。スローフード運動やオーガニック市場が、努力する小さな農家、小さな産地を支援している。だから、工業化時代に疲弊した農村が、こうした新しい農業で元気になった。観光客も集まってくる。

新しい農業で豊かになった村では、新しい農業のための農地が優先される。統合されたＥＵ市場では、イタリアが独自に食料自給率を上げる意味はない。それよりも、農村の文化的な伝統を革新し、創造的な取組みを始める人々を迎え入れ、小さくとも活力あるビジネスを育てることが村を再生する。

村人が頑なに農業を続けて自分の農地を守るだけでは村は再生しない。村を再生するためには新しい農業が要る。村人が村に住み続け新しい農業を始めれば、アグリツーリズモは所得を上げる力になる。新たに村に移り住む人は新しい技術や知恵を持ち込んでくれる。昔ながらの農業と違う新しい農業を始めてくれる。だから彼らに農地を提供する必要がある。現代では、安心で安全、そして選び抜いたスローな食品を提供するから農村には価値がある。自分の農地と農業を頑なに守り、社会の変化を嘆くだけでは村は再生しない。日本でも、イタリア同様、他の産業分野では時代の変化は受け入れた。日本の農業もこの変化を受け入れ、対応を進めれば、村と村人の暮らしは再生へ向けて動き出す。もちろん、変化できない高齢者の農地も確保されている。スローな社会になるのだから高齢者も穏やかに暮らすことができるだろう。

2　混乱する政治が生んだ地域に自立して生きる政治家

ところで、日本でバブルが崩壊し、長い不況が始まった頃、イタリアでは政界再編が進んでいた。終戦以来、半世紀も続いた中道右派のキリスト教民主党と左派イタリア共産党の二大政党を対極にして、社会党など中道小政党と連立することで保たれていた政権[*1]は、実にあっさりと崩壊した。冷戦終結も要因の一つではあるが、与野党双方で多くの汚職が表面化し、国民の政党政治への不信感が一気に高まったからである。この事態は、汚職都市（タンジェントーポリ）と呼ばれる。

94年に小選挙区制が始まり、二大政党それぞれに分裂、北部同盟など次々に新たな地域政党が生まれ、結集し再編も進んだ。右派中道は「自由の家」（現在の自由の人民連合）、左派中道は「オリーブの木」（その後、民主党連合）が、それぞれ新しい内閣を立ち上げ、交代する混乱が続いた。

96年総選挙で「オリーブの木」が、01年総選挙で「自由の家」が、そしてその首班は94年総選挙で政権を獲得したベルルスコーニが居座ってきた。05年にも選挙制度が改正され、再び完全比例代表制が取られ、06年総選挙でオリーブの木が緑の党などと「連合」を結成し、僅差で勝った。しかし、そのプローディ政権に参加していた「欧州民主同盟」党首の汚職で、08年には再度ベルルスコーニ政権に代わり、11年のユーロ危機で政治家ではないモンティ政権が誕生した。

この混乱の影響で地方政治が変わった。冷戦が終わり、既存の政党の多くが消滅、再編した。過去のイデオロギーは現代社会に生きる助けにはならない。もともと知識をひけらかすために政治論議をする人も少なく、より現実的な政策論争はますます盛んになった。政治というより、社会の変化を否定する頑固者と、社会の変化に即して困難を一つ一つ克服しようという現実派の違いがあるだけ。この半世紀にヨーロッパの統合が進んだために、イタリアという国家の存在感が薄れた分、首都ローマの省庁や政党に頼ろうという発想も少なくなった。

長年の政権与党、旧キリスト教民主党の大部分と、万年野党だった旧共産党の一部、それ以外の弱小政党からも加わってできたのが、現在民主党になったオリーブの木である。古い政党政治を批判して生まれたベルルスコーニのフォルツァ・イタリアに、分離独立を唱えるほどに分権に熱心な北部同盟など地域政党がもう一つの極となった。この大規模な再編は、利権誘導の政治風土を大きく変えた。さらに、政府はEUと州政府へと上下両方向に権限を委譲し、その役割が縮小した。だから、中央の政治家が国の補助金、公共事業を操作できなくなった。特に、農業補助金はすでに長い間、欧州委員会、農業委員会の手に委ねられていた。ローマの役所がイタリア農業に関わる領域が激減し、戦前の干拓事業のような大規模公共事業がなくなり、その逆をいく湿地復元などの環境保護が進めやすくなった。

この大変化の中、イタリアのコムーネは積極的に分権と自立を進めた。というより、自立せざるをえない状況に追い込まれたといえる。まだ40歳のサン・キリコ・ドルチャの村長が責任をもって地域を語る姿勢は、イタリア政治の混乱が生んだ、地域に自立して生きる若い政治家の典型的な姿勢である。

こうした背景のなか、地域に根差した活動を続けたアグリツーリズモのシモーネ侯爵やスローフードのカルロ・ペトリーニ、アルチェネロのジーノ・ジロロモーニなど様々な先覚者が世界的に見ても革新的な成果を上げた。彼らは決して、その町や村を離れようとはしない。影響力をもった彼らがローマやミラノで改革を引っ張るのではなく、各地の賛同者が個別の取組みを始めた。シモーネ侯爵の後を引き受けたアグリツーリスト協会の会長はローマに来ることも少なく、メールや携帯電話で事務局スタッフと仕事をこなす。スローフード協会本部のブラには世界中から人が集まるが、彼らがローマやミラノに出かけることは少ない。まして、今でも農作業を続けるジロロモーニは、できるだけ出かけないようにしているという。

東京と地方の関係に慣れた日本人の眼からみると、イタリアのコムーネとそこに暮らす人々の自由な発想が不思議に思われる。東京の役所やマスコミに認知され、評価されることばかり気にする日本人と違い、その村に自信と誇りを持っている。そして、ほとんどのことを地元の価値観で決められる自立したイタリアの地方は快適にも思える。

イタリアには、今や進んだ都会、遅れた地方という対比はない。先進的な取り組みを始めた地域と昔の発想を変えようともしない地域の違いは意識されている。この違いで見れば、都会は先進的ではない。現在のスローな価値観に立てば、変化に遅れて都会に取り残された人々より、田舎に移り住みスローな暮らしを始めた人々こそ先進的なのである。

地元を離れないスローライフのリーダーたちとその賛同者は各地でバラバラに活動を進め、地域主権の国イタリアをより分権的な国に変えた。新しい時代の村の農業は分権的でなければならない。誰かが言ったわけではないが、この分権的な農業と農村のあり方が再生の鍵だったと思う。地域から見たから、アグリツーリズモ、スローフード、スローシティ、オーガニック、景観計画制度、欧州市場統合とＣＡＰ（共通農業政策）、そして新しい時代の観光の変化を村独自の政策として咀嚼し、再構築できたのだろう。バラバラに見えるこれら一連の革新は、かつて社会改革を目指した人々が望んだものでもあった。

60～70年代の政治の時代に革新的な思想の洗礼を受けた彼らは、その故郷である町と村を見つめ直した時、村の復権こそ現代イタリア社会を改革する発信源になると感じたのだという。政界再編で、地方の古い政治家はその基盤だった政党の組織力を失った。その空いた隙間には、理念をもって具体的な活動を続ける実践家がいた。

従来の開発モデルに代わる村づくりの新しい理念は、すでに十分な現実性をもって若い住民に受入れられた（写真7・0）。衣食足りて歳月が経ち、国民は都市生活に飽き、ファストフードに危機を感じた。そして、破壊された景観に絶望していた。この静かな絶望に政治不信が重なった時、それは大きなうねりとなってイタリアの村づくりを変革したのである。

3　農村社会を変えた女性たち

もう一つ、村の暮らしで特に目につく変化は女性である。70年代以降、女性の社会参加が進み、農村でも女性の活躍の場が広がった。

成功したアグリツーリズモには元気な女性がいることを再三述べてきた。英国のルーラルツーリズムでも、フランスのグリーンツーリズムでも女性の役割は重要だという。イタリアでも、関係者が口を揃えて、アグリツーリズモでは女性の能力が重要だという。保守的な人でも「アグリ」は男性の仕事、「ツーリズモ」は女性の仕事とも言う。料理は言うまでもなく、部屋の設え、手入れ、接客の細部で発揮された女性経営者の手腕が大きいことは見れば分かる。加えて、アグリツーリズモ最大の魅力である食文化に女性が果たした役割が大きい。しかし、そんなレベルの話ではないようだ。より深く本質的な変化が起こっている。

EU諸国には、農業・農村と女性に関する研究が実に多い。ごく限られた範囲を見ただけではあるが、主な論点を追って見ると、有機農産物、農産加工品の質の向上、環境保全型農業の実践を始め、農村の環境保護、そしてアグリツーリズモという新しい観光の形など、どれをとっても女性が先駆的な役割を果たしたという。[*2] 従来、都市と農村の対比で説明されることが多かった農村の価値は、女性という存在が加わったことで、スローライフに代表される、健康、安全、ロハスなどの新しい視点から評価されるようになった。[*3] 数多い研究の中には、女性農家、女性経営者の農業法人の方が、それ以外のものより経営的にも優れているデータを示すものが目立つ。

また、欧州委員会農業総局では、農業と農村分野における女性の役割を重視した取組みを積極的に続けている。90年代に国際会議を重ね、数多くのサクセスストーリを集めたうえで、00年に農業と農村社会の発展のための女性重視政策としてまとめた。[*4] その後10年間の成果は着実にヨーロッパの農業と農村を変えてきた。

農業しかなかった時代、長きにわたって、村の女性は低い地位に置かれていた。伝統的な農業は単純労働、力仕事中心だったため、力の弱い女性は一人前ではなかった。しかし、農奴の暮らしは遠い昔の話。今や機械化、情報化は農業にも及んでいる。アグリツーリズモが一気にサービス化を進めてくれた。そうなれば、多少腕力で劣ったとしても、それを補って余りある才覚をもつ女性は多い。農業でも女性の創造力が発揮される機会が増えてきた。女性の力がなければ農業も農村も発展しない時代が到来したのである。

農村の男たちの古い発想、生産者の立場にこだわる論理は革新を阻害する。教条主義的な農業意識が残っているなかで、イタリア農村の女性たちの自由な発想が、接客業としてのアグリツーリズモを発展させた。もちろん、村の外から移り住んだ女性たちもいる。彼女たちが、村の男たちの意識を変え、マーケットの変化を受け入れて、顧客の希望に応える工夫を重ねている。

一方、日本の都市部でもこの間、社会の女性化は急速に進んだ。かつて、地方自治は民主主義の学校と言われた時代があった。半世紀を経て振り返れば、拙さばかりが目立ち、未だに初級レベルの市民参加が続いている。学校と言えないほどに幼稚である。そもそも家族関係が民主的ではなかった。ただ、家庭の民主化は日本でもイタリアでも時間はかかったが着実に進んだ。戸主の権限は喪失し、女性の決定権が増し、必然的に開かれた議論が盛んになった。拒めば離婚で家族を失う。家庭こそ民主主義の優れた学校だったかもしれない。だから、女性が村の民主化を進めたのだと思う。そして、民主主義とは制度化された革命だとも言う。

現金収入がなかった農家女性が、アグリツーリズモを始めれば、多くはないが収入源を持つ。

都市部ではコミュニティ・ビジネスが盛んだが、アグリツーリズモは、その農村版とも言える。少ない利益をまた、少しずつ投資することで、施設やサービスを改善し、営業成績を向上させることもできる。アグリツーリズモの経営について、多くの夫はほとんど発言しないという。衣食住に関する知識も感性も女性の方がはるかに勝ることは多くの男性が理解している。こうして村の女性たちの発言権は家庭で強くなり、やがて村づくりの現場にも及び始めた。*5

家の中だけでなく、同じように生活の場である町や村を見まわすと、女性の目から見て改善すべき点は多い。村の産品である食と農業の質的改善を試みれば、優れた地元食材を活かした伝統の味を現代風に、また少し都会的にもアレンジして都市の知人、友人に送って反応を見る。新しく開店した近くのレストランや食品店に足を運び、口煩く批評し、よければ口コミで宣伝する。近隣のアグリツーリズモを覗きに出かけ、いい点は直ぐ自分でもやってみる。庭先の季節の花に彩りをつけ（写真7・2、3）、古びた荷車を出し、その上に置いたプランターにベゴニアをアレンジすればもっとフォトジェニックになる。煉瓦色には濃緑のアイビーが映える。そんな植栽のセンスを街角にも活かすことを提案する。アグリツーリズモの看板には木材か鋳鉄が映えるのだから、村の店にプラスチックの電色看板は時代遅れだと言う。女性たちが発言し始めたことで、村々の男たちが改善を始めたことは多い。

同様に、周囲の農村景観と村並みが美しくなれば、顧客が喜び、また来てくれる。自慢の料理

写真 7·2　トスカーナ州のアグリツーリズモ、戸外空間の演出に工夫を凝らす

写真 7·3　トスカーナ州のアグリツーリズモ、庭のチャペルではイベントを開く

に工夫を重ねるように、庭先や街角本来の美しさを探求する。単調になりがちな客室を飾るように、村並みや店々のショウウィンドウを美しく演出させようとする。

今まで農家の女性は現金収入の途がなかったから発言も少なかった。しかし、今では経営者、それも農業でなくサービス業を経営する。収入があるから出費も惜しまない。地域社会への女性の参画が遅れたイタリアの農村でも、アグリツーリズモが始まって女性が元気になってきた。女性が変われば街が変わる。女性が元気になれば、農村も都市も美しくなる。女性の視点から見れば、都市と農村はその所得水準で比べるのでなく、それぞれに秘められた可能性、暮らしを質的に豊かにする手段と成果の違いで比べるようになる。

この変化は、現代人から見れば余りにも当然、だからその重要な意味を見失いがちである。しかし、アグリツーリズモや食に対する意識改革が、回り回って、村の女性の解放に果たした役割の意義は大きいと思う。ファシズムや戦後の社会主義、労働運動や環境保護活動が決して実現できなかった村の改革が一気に進んだのは、解放された女性の力による所が大きいのではないだろうか。

ところで、アグリツーリストの事務局長を32年勤めたジョルジョ・ロ・スルド氏とは20年来の付き合いになった。村の女性たちの活躍をアグリツーリズモの最大の功績だったと私が言うと、しばらく黙った後に深く頷いてくれた。イタリアでも長い間、村の貧困は女性に集中していた。

生き生きと指図する女性の姿こそ、再生した農村にはよく似合う。元気な女性がいてこそ、村が生き生きと輝いて見える。

付け加えると、私の農村女性論はもはや古い。前述したラディコーファニ村のレストラン・カッセロのように妻が役人、夫がレストランやアグリツーリズモという夫婦も珍しくない。それぞれが好きな仕事を見つけて、それぞれに輝いている。男が変わるべきなのだ。

4 農業組合の乱立が生んだ小さなグループの自由な主体性

すでに述べたように、イタリアには複数の農業組合がある。そして、それぞれに戦前からの歴史がある。特に、第一次大戦後の混乱期に複数の組合が生まれた。社会主義者がインターナショナル派とその対立派に分かれ、またファシズムも生まれ、その後勢力を拡大した中でそれぞれに異なる組合を組織した。ファシズムが倒され、長く続いた戦後の政治体制でも農業系の組合が一つにまとまることはなく、農地改革の成果も不十分だったためにむしろ対立が深くなった。

農業系の組合にはまず地主の組合がある。それも南北では規模が違う。そして小規模自作農、小作農、農業労働者など、そして、旧共産党系の組合がある。それぞれに利害が対立するから別の組合が必要になる。小さな地域に政治色が違う別の組合があって共存していた。干拓地には土地改良区が、有機農業を始めればその組織が、また別に活動する。

60年にヨーロッパ共通農業市場が成立し、CAPが進む様々な段階で、組合ごとに現実派と拒否派に分かれた。不十分な農地改革とその後の混乱が鎮まる前に、CAPが穀物の統一価格を定めた60年当時のイタリアは穀物輸入国だった。戦後急速に集約化が進んだ北の穀倉地帯では共同市場はリスクが大きく、農地解放で元々生産性が低い農地の大半を失って離農者が増えた山岳地帯では補助金が欲しかった。また、価格と生産量の調整は、大地主と自作農、農業労働者では影響が違う。だからイタリア政府がCAPに参加したことに、地方ごと、立場ごと、そして産物ごとに賛否が分かれたのも当然である。そして、その対応も異なったため、元々多様なイタリアの農業と農村は、より多様に変化していった。

共通市場に農産物を受け入れてもらうには、日々の市場の変化に柔軟に対応するしかない。ある地域が対応しなければ、別の地域が対応する。イタリア全体でどこかが対応して得をするという状況が続いた。こうして、イタリア各地の農業は、CAPの中で、共通性ではなく、多様性を維持することで持続性を高めたのである。

その後、政界再編の90年代後半以降は、イデオロギー色の薄い地域政党が多く生れた。そのため農業系や生協など消費者系の組合が政治的立場を失う一方、地方の声が強まった。そのため全国組織は分裂し、全国では課題ごとに緩やかに連携するだけになった。アグリツーリズモは、全国的に連携できる数少ないテーマの一つである。それでも三つ以上の全国組織があり、地方支部も活発である。

そして、環境と地域の持続性が、農業団体、消費者団体それぞれの主張の中心に登場した。元よりこれらの課題は地域ごとに、その固有性に立脚して独自の解決策を見出すことでしか解決できない。中央集権的な団体は、その存在自体が地域の自立のための村づくりを阻害するという認識も広がった。

オーガニックを含む環境保全の取組みでもアグリツーリズモでも、90年代末以降はローマの本部職員は各地の事例を説明するだけで、国やEUの政策について語ることが少ないと感じた。現場を知らないのである。

州政府の担当者はCAPについて、その州の農業の利害を訴える資料をつくっている。県の農業担当者は地域の農業にもっとも詳しい資料を用意している。中でもシエナ県は農産物のプロモーションに特に熱心である。そのパートナーは、組合の県支部ではなく、県内複数のコムーネに分かれた個別の農家、農業法人、そして地元の小さな生産者団体である。熱心なコムーネの市長は、選挙のためもあるのだろうが、あらゆる機会を捉えて農産物のPRに勤しんでいる。私も何人かの知り合いの市長に、日本でのプロモーションを手伝わされた。反面、農業団体の全国組織は個別の地方の個々の農産物の紹介にはあまり関心がないように見える。その村に出掛けなければ、優れた農産物には出会えないという意識が徹底している。

こうして見ると、日本の農業団体もやがて変わると思う。日本でもイタリアでも農業の発展に協同組合が果たした役割は大きい。遅れた農村と貧しい農家の生業と暮らしを急速に改善した功績は偉大だと言える。ただ、21世紀初頭の現在、新しい農業が生れ、地域ごとにその創造性を競いあう中で、共同のあり方は再検討されるべきだろう。この点、多様性の国イタリアでは、農業団体もイタリアの多様性ゆえに変化を受け入れたのだと思う。

5 農地が市民のために開かれ、美しく元気な村づくりが始まった

イタリアでは、工業化の果てに都市が荒廃したように、農業は集約化の果てに農村を疲弊させたという意見をよく聞く。現代都市が一見合理的で機能的であるように、現代の農村の大部分には都市並みに便利な施設がある。農作業も徹底的に機械化された。その農村が今見直されている。70年代に歴史的都心部の保存と再生で都市の人間性が復権したように、農村はその歴史的な外観を再生することで、より魅力的な生活空間を復権させた。その魅力は、農村の住民だけでなく、アグリツーリズモを通じて多くの都市民も享受している。しかし、それは過去への回帰ではない。

現代の歴史的都心部の市民生活には戦前の貧困はない。低所得者の生活は保障され、高齢者も

単身者もたった一人でも便利に暮らすことが可能になった。同時に、昔ながらの濃密な交流を提供する場でもある。再生された町並みの外観は昔のものではあっても、内側の住宅設備は現代であり、外側の市民社会もすっかり更新された。

同様に、現代のイタリアの農村には貧困はない。かつての貧しい小作農民の大部分は、小さいながらも農地と建物を所有し、都市生活と比べて遜色のない暮らしを享受している。外観は昔の農家であっても、住宅設備はすっかり更新された。もちろん、あえて昔の設備を使うロハスなこだわり派も多い。

豊かになった都市住民は、田園都市に用意された庭付き一戸建てか、都心の高層マンションに飽き足らず、歴史的都心部の再生された住宅を、その美しさ、文化性ゆえに選択した。同じように、豊かになったイタリアの農村住民は、生活の利便性を十分に確保した後に、都市的な空間と住まいではなく、農村らしい風景の中に再生された歴史的外観の農家建築を選択した。そこに、都市から移り住む人も増えてきた。

歴史的都心部に住む人は、歴史的だから昔の生活を求めるのではない。京都の再生町家に移り住んだ若者の多くが、半世紀前の暮らしを望まないように、イタリアの農家でも半世紀前の貧しい農家の暮らしをする人はいない。歴史的町並みと町家や農家は、現代の暮らしの器として選ばれたのであって、過去の再現が望まれたわけではない。懐かしい未来を求めて都合のいいところだけを上手に選んでいるのである。

この間、農村人口が急速に減少したため気付いている人が少ないのだが、実は日本でもイタリアでも、住宅設備が改善されて、農家の家事労働負担は劇的に減った。そして、農業の集約化は農作業の労働時間も大幅に短縮した。機械化に加え、農薬・化学肥料、品種改良が病虫害や天候不順のリスクを減らし、農作業はかなり楽になった。だからこそ、逆にそれをあえて手間をかけよう、スローにしようという選択が広がったのである。

昔ながらの本物の食物を育て料理するスローフード、オーガニック栽培に手間隙をかける。余った時間を使ってより丁寧な、手づくりの料理や家と庭の手入れをすることに使うスローライフを始める。さらに戸外でも、車で遠くに出かけるのではない、小さな町の馴染みの広場で友人、知人とゆったりと過ごす時間をスローシティは提唱している。これら一連の転換を通じて、イタリアの農村はその魅力を再生し、イタリア人はその豊かな人間性を発揮するまちづくり、村づくりを進めてきた。

こうした新しい村づくりを始める人にとって、その阻害要因は既存の村づくりの担い手である場合が多い。担い手と言っても、今思えば戦後ようやく手にしたわずかな土地を財産だと信じて、それを守るためにだけに農業を続けてきた人である。日本の多くの村の指導者は、これまで村を守るといって、農業、農村、食料、農民・農家、それぞれの問題を一緒に解決しようとした。実際は、わずかな所有農地を守っただけに過ぎない。それも、全国組織を頼って全国一斉の解決の道を探ろうとした。しかし、その実現は極めて困難だった。農業が変わり、住む人が変われば、村は自ずと変わってくる。

6　イタリアから日本の農業を見る

最後に、日本の農業と比べて見よう。イタリア農業生産はＧＤＰの2.3％、農家は全世帯数の3.8％に減った（09年）。しかし、この農家世帯割合は、英国1.9％、米国2.4％、ドイツ2.8％、フランス3.7％と比べるとまだ高い。農業大国オーストラリアは4.7％もあるが、日本の農家世帯割合もまだ4.5％もある。就業人口でも3.8％にもなる。日本のＧＤＰに占める農業の割合は0.9％、4.7兆円（10年）である。しかし、国の農業補助金の額は80年に６兆円、減った現在でも5.5兆円もかかる。

農家１戸当りの耕地面積は、日本1.6 ha、イタリア7.9 haと狭い。ドイツ約30、フランス39、英国70、米国176、オーストラリア４千100 haと比べると、かなり小さな規模だが、日伊両国の差も５倍近い。日本でも経営規模拡大策を進めるが、零細農家の所得を保護する政策が続き、一方には土地投機を期待する農家地主がいて、集約化は進まない。政策の目標は20〜30 haという。

そして、日本の穀物自給率は27％である。米国135％、英国116％、ドイツ128％、フランス191％、オーストリア332%と比べ極端に低い。農地が狭いとはいうものの、ほぼ百%に米の自給率を維持するがために、多様化した日本人の食生活に必要な穀物がまかなえない。
60年に600万あった日本農家は09年現在263万戸まで減った。専業農家40万、兼業農家134万、そして自給的農家が88万戸になった。兼業農家は過去33年間に71%も減り、一部は自給的農家に転じた。専業農家は同じ33年間に33%しか減っていない。そのため構成比が変わり、専業農家の比率は昔1割程度だったものが、今では25%近くまで上昇した。[*6] 一方、市民農園が急激に増加した。過去20年間で16倍に増え、全国に3千825カ所、17万5千区画ある(表7・1)。区画の数だけ市民農家があるとは言わないが、それでも15万以上の家族が市民農園を楽しんでいる。市民農園数は、あと数年で専業農家数の半分に達する。20年も経てば、専業農家と市民農家の数は逆転するだろう。

表7・1　農の現状、日本では誰が農業を続けていくのか

農に関わる人々		数(2009年)	推移
専業農家数		41万戸	緩やかに減少
兼業農家数		134万戸	全農家数同様、劇的に減少、一部は自給農家に転ずる
自給的農家数(推計)		88万戸	今後徐々に減少
農業就業人口	男性	139万人	高齢化で劇的に減少
	女性	160万人	すでに劇的に減少し、今も同様に減少
市民農園面積(ha)		1350 ha	土地取得がやや困難な状況だが増加
市民農園数		3825カ所	耕作放棄地を借りてまで拡大中
市民農園区画数		17.5万区画	急増、常に応募が区画数を上回っている

『農業センサス2008』による。市民農園数については、農林水産省農村振興局農村政策部都市農村交流課都市農業室都市農業第2班の資料を参考にした。

市民農園を一般の農家と一緒に数えることに抵抗感をもつ人は多いと思う。彼らは農協の資材部で買わない。今ではホームセンターの方が農業資材は安く買える。農機もネットオークションで、さらに安く買える。メーカーも家庭菜園用の小型農機を売り出した。市民農家は都市周辺にまとまって住んでいるのに、専業・兼業農家は便の悪い広大な地域に散らばっているので、農協資材部の不利な状況は悪化するばかりである。

この傾向が続くと、農業は農家だけのものではなく、市民、国民のものになるだろう。農業は農地を持っている人だけのものという常識はやがて覆ると思う。日本の社会は変化した。曽祖父の時代には地主と小作に分かれていた。祖父の時代に農地解放があり零細な自作農になった。父の時代には農家が小地主に代わり、都市周辺では都市化と社会資本整備で土地が高値で売れた。息子はもはや農業を知らない。妻や都会育ちの友人は趣味で市民農園を楽しんでいる。やがて、孫の代にはアグリツーリズモを楽しむことになるだろう。こうして、家族と農業の関係は日本でも変化するだろう。サン・キリコ・ドルチャの村長が言った大きな変化が、日本でも今後起こると思う。村人が自立し、地方分権が進み、より多くの女性が加われば地域も変わる。眼に見えない所で、日本の農村と農業も大きな変化に向かっているのだと思う。

革新を続けた村人たちの勇気

イタリアの美しく元気な村づくりの転換点をローマ条約に遡ると55年、アグリツーリスト設立が47年前、アグリツーリズモ法とガラッソ法（景観法）制定が27年前、スローフード協会が26年前、そしてオルチャ渓谷の世界遺産登録からも8年が過ぎた。思えば長い道のりだった。

イタリアの田園風景は、今も昔も変わらないように見える。だから、農村社会も変わらずにいると誤解しやすい。しかし、実際には住民も入れ替わり、残った人々の生活や生業も大きく変わった。80年代初め私がピサ大学にいた頃と比べると、オルチャ渓谷の村々の建物や風景はあまり変わらない。しかし、集落には洒落たレストランや店が増え、簡単なアスファルト舗装の街路は石畳に変わった。城壁周辺の修景も進み、点在する農家がすっかり美しくなった。実際、アグリツーリズモが増えたのである。

村が美しく元気に変わるためには多大な努力が要った。それも、村々の個別の努力だけでなく、コムーネや県、州政府、そしてEUが対話を重ね、次々と政策を練り続ける共同作業があった。そして、その根底には、急速に変化する世界と向き合い、革新を続ける村人の勇気が必要だったと思う。

この間、イタリア社会全体も変わり、一般のイタリア人の暮らしも大きく変わった。お馴染のパスタやワイン、いつまでも変わらないように見えるイタリアの家族の食生活も実際は大きく変わった。オーガニックやスローフードへ、食材や調理法、食べ方、食べる場の選択、暮らしの変化に伴って食文化も発展してきた。もはや大食漢のイタリア人は少ない。一緒にレストランに出かける都会暮らしのイタリアの友人たちのワインの消費量は確実に減った。その代わり、料理もワインもよく吟味する。だから、支払額は確実に増えた。同様に、家族の様子が変わり、ファッションや住まい、余暇の過ごし方も大きく変わった。だから、変化したイタリア人により沿うようにイタリアの村々が変わったのである。そして気づけば、時間はかかったが、村々の変化の方が都市社会の変化より大きかったのかもしれない。

1 蜜柑畑で考えたこと

一方、日本の風土も美しい。南北に長い多様な風土からは四季折々に質の高い様々な農産物が産出される。また、イタリア以上に水産業が盛んな日本では、魚介類も大きな魅力である。だから、アグリツーリズモは日本の風土に合っていると思う。列島の北から南まで、各地の美しい風土と農山漁村には大きな可能性がある。

農山漁村の景観はまた、美酒・美食の興をそそる。京料理は利尻島の昆布、土佐の鰹節からその日の気温湿度を見て上手に出汁をとって素材の味わいを深める。そして列島各地から芳醇な酒、味噌や醤油の香りとともに、滋味深い米と野菜、海産物や新鮮な肉類が届けられ、美しい器に盛られる。デザートには日本の果物は最高級、他国の追随を許さない。上品な甘さの生菓子と干菓子が競っている。美味しさ求めて食材の産地を訪ねれば、日本のアグリツーリズモの楽しさは広がっていくだろう。

私の実家、三ケ日《みっかび》も食が豊富になった。蜜柑畑の上に浜名湖を見下ろすフランス風のオーベルジュが開業して20年経つ。高価でちょっと行けないが、手頃な鰻や河豚の店が増え、精進料理や湯豆腐の店もある。だから、大きくなった子供たちは美食目的で付いてくる。慣れない蜜柑づくりを始めて6年、脱温州蜜柑化を進め、ネーブルに、はるみ・清見、最近ではタロッコ・オレンジを植えた。野菜はまだ上手に作れないが、柑橘類の香りが自慢の、妻と私専用の小さなアグリツーリズモになった。

毎月通っているものの、実はゆったりとした休暇にはならない。しかし、隣ではUターン、Jターンした地元の先輩たちが落ち着いた時間を過ごしている。東京や名古屋、都会の人たちにとって、日本の農村の魅力は日々高まっていると感じる。

この半世紀、日本人の暮らしも大きく変わった。中でも食生活の変化は特に大きい。ファストフードやファミレスが広がった。しかし、まだ一部の人々ではあるかもしれないが、食の安心安全への関心が高まり、グルメ文化も着実に広がった。日本の食文化は日々高まりを見せ、世界にも受入れられた。地産地消やスローフードは田舎より、むしろ華やかな都会の表舞台でも盛んになり、その新鮮さは輝きを放っている。

また、市民が農に親しみ、近年では農女ブームといって食と農に積極的に関わる若い女性が登場した。定年帰農も続いているが、若い女性の就農が目立つ。まちづくり分野でも農業を話題にすることが多くなった。関連の書籍も次々と出版されている。様々な立場の専門家が、農ある地域づくりに日本の未来を見出そうとしている。

なかでも、わが家と違い、新しい取組みを始める優れた本当の農家の活躍が目立っている。オーガニックを実践し、高い質の産品ゆえに高収入とまでは行かないまでも、人気を集める農家が多い。本来、優秀な日本の農家のこと、常に付加価値の高い農業が生まれている。

2　美しい村をつくるビジョンを描く

もちろん、美しい村づくりには日本でも多大な困難が伴うだろう。自然公園としての環境保護、文化的景観として文化財保護、景観地区として景観法で守ろうという制度ができても、大部分の農村は無関心、まして土地所有者は合意しないだろう。すでに大多数になった都市住民が美しい村づくりを望んでも、実際に農村に暮らす農家の人々の共感は得られない。

美しい村をつくることが農業と農村の未来を拓く方途であることは、市場を同じくするフランスが早く、イタリアでもやや遅れて農家の人々に理解された。ワイン造りが革新し、オーガニックやスローフードの広がりが、その理解を速めた。彼らの意識の根底では同時に、都市の農村の価値観の転換が起こっていた。イタリアの農村住民には都会に対するコンプレックスはもうない。大都市より地方都市、都市よりも農村によりよい暮らしがあるという価値観が広がっている。

だから、農業が好きだから農業を楽しむ、好きだから創意工夫を重ねて優れた農業に変えようという人が増えた。農業技術や機械の発展を、農業の生産拡大でなく、農産物の高付加価値化と農作業の質的改善、つまりより人間らしい創造性を発揮する農業に変える方向に活かしたからである。好きでも得意でもない、辛いだけの農作業から人々を解放し、創造性が発揮できる仕事を提供すれば、人々はやがて誇りを取り戻していく。

自らの仕事に自信と誇りを持つ人は、仕事場に美しさを求める。創造的な農作業を求める、心から農を愛する人々が集まれば、農村は自ら美しさを取り戻す。だから、美しい村づくりには景観や環境保護のための規制ではなく、農業をする人々が、その創造力を発揮し、社会の期待に応え、国民の尊敬を集める存在になることが必要だろう。農業は食という人間の根幹に関わる本質的な業なのだから、国民の関心は集めやすい。物心両面で豊かな時代なのだから、食への要求はますます高度化している。高まる要求に応えて、農業に携わる人々が、その創造性を発揮する環境は整ってきた。的確に応えるためには、旧来の閉鎖的な農村社会に閉じこもらず、開かれた世界から情報を受入れ、他者と交流する機会を増やす必要がある。しかし、長い間奴隷のような労苦に耐えるだけだった人には、これが難しい。

とはいえ、成熟期を迎えた先進工業国の社会は必然的に変化する。工業化はまず都市社会を変え、時間はかかるが農村社会をも変える。農村では多大な時間と様々な段階を経て、矛盾を一つ一つ克服しながら、やがては都市同様に、あるいは都市以上に豊かな生業と生活の場に発展する。早いか遅いかの違いがあっても、日本でも技術の発展と社会の変化に沿って、より先進国らしい農業と農村の形が見えてくるだろう。そこに美しい村のビジョンを描かなければならない。変化を押しとどめようとする守旧勢力が消える日は遠くない。そのビジョンはやがて実現する。

先進国の優良な農家は付加価値の高い農産物を追求する。高品質農産物は真剣に農業をする人々だけが生産でき、彼らが農業の未来を考えれば環境も景観も大切になり、ブランドとしての美しい村を求める。実際、イタリアやフランスの高級ワインの産地では、葡萄畑は醸造所とともに、精密機械の工場並みに清潔に整理整頓されている。集落の家々の手入れも高級ブティック並みに行き届いている。そして、広場や街路も丁寧に修景される。三ケ日の蜜柑畑も、オルチャ渓谷やサンテミリオンの葡萄畑のように整然とした美しさを備える日が来る。

先進国では市民生活が充足し、その要求は多様化、高度化した。農村の生活水準も高い。だから農業と農村に安心安全で美味しい農産物を求め、村に美しさを求める。日本の現実だけをみれば、この将来像を非現実的だと思う人もいるだろう。しかし、このプロセスがEU諸国ではすでに起こり、やがて日本の農業と農村が辿る道であると私は考えている。この認識を広げることが美しい村をつくるビジョンの前提になる。

3　価値ある農地が文化的景観に

農林水産業に関連する景観は、日本でも文化財となった。その伝統的な景観の歴史的土地利用は保護されなければならない。文化財保護の立場としてはそれでいい。しかし、農林水産業と村づくりの立場にたつと、なぜ保護しなければならないのか、文化的価値だけでは農業を営む人々には説明がつかない。なぜなら、そこは彼らの生業と生活の場で、土地建物はまず彼らの生活を守り、所得を得るためのものだからである。だから、文化的景観、つまり村の美しさの保護が生活と生業を守り、改善する方途であることを示すことが不可欠である。残念ながら、展望を欠いた今の日本の農村では高級ワインの産地のような理解はまだない。

オルチャ渓谷では、その文化的景観を守るために、丁寧に歴史的土地利用を調べた。最初は、その意味を理解した人は少なかった。世界文化遺産に登録され、その美しさを愛でる人が増え、増えた観光客がどこよりも高い値段でブルネッロ・ワインを買うようになった。しかし、それは世界遺産を商標として使ったからではない。丁寧に調べた農地には、土壌、微気象、そして歴史的経緯に個性があり、一筆ごとに味の異なるワインを産する。その違いを活かし、優れたブルネッロが醸造される。優れた葡萄畑には価値がある。丁寧に手入れされた優れた畑は、文化的景観として保護する十分な価値がある。

オルチャにはワイン販売所があるだけではない。アグリツーリズモもレストランも増えた。農産加工品が増え、様々な新しく小さなアグリビジネスが広がった。だから、美しい景観は同時に、新しく創造的な若いビジネスを生んだ。そんな人々は、早くから農村の文化的景観の経済効果に気付いていた。町家再生に老舗やブランドショップが要るように、美しい村にはグルメレストラン、ブランド農産物が要る。センスのいい人たちが、地味なオルチャ渓谷の景観をより美しく、魅力的に見せている。美味しさは美しさより理解されやすいらしい。

文化の感じ方は人それぞれ、歴史の感じ方も人によって違う。文化的価値を訴える方法は多様だが、味覚から訴える方法は観光客には効果が大きい。農家以外にも、料理人、建築家やデザイナー、ホテル経営者やガイドなど美しい村には様々な役割を果たす人々がいる。それぞれが村の美しさを理解し、それを美味しさに活かすことで農家が自信と誇りをとりもどし、地域の住民や観光客も豊かになれる。美味しさをめざして、緩やかな連携が起こる。

美しい景観の保護には丁寧な調査・研究と優れたルールづくりが、もちろん必要である。イタリアでも日本でも一般に、農村社会ではルールづくりが難しい。長い歴史の中で、為政者に支配され続けた人々は、自律して自治を担った経験が乏しい。もちろん、今までも利益の分配はしてきた。共同作業も多かった。しかし、その多くが封建的権威によって進められたために、民主的な合意形成にはあまり慣れていない。まして、外から新しい住民が入り、新しいビジネスチャンスが生まれれば、合意はさらに難しくなる。平等な関係でいながら、ある目標を共有化し、それを実現しようというより大きな公益のために皆で負担を分かち合うことは難しい。

歴史都市でも、数名の大地主が大部分の土地を所有していた時代には合意形成は簡単で町並みも整っていた。それが、持家化で多数の人々が所有する現在、合意形成は難しく、ルールは失われ町並みが壊れた。農村でも大地主がいた頃は整然としていた。それが、農地解放で零細自作農が増えたために景観が壊れてきた。

社会の民主化は持家化や農地解放を通じて実現された。我々はこの成果を享受してきた。しかし、我々自身が地主としての責任をもち、集まり協議しつつ、調和のとれた生活空間、優れた生産手段を獲得する能力を持つには至っていない。優れた計画、具体的なルールづくりを導く専門家には、そこに集まる人々が納得して、一緒に元気な未来の暮らしと生業を育て、そのための美しい村並み、町並みを創ろうという意欲を掻き立てる力が要る。そのためには、現状を理解し、より優れた新しい農業を示す能力が欠かせない。

半世紀前にアグリツーリズモを始めたシモーネ侯爵の話を理解した村人は皆無だったという。

先見の明が理解された頃には侯爵は去っていた。それは孤独な闘いだっただろう。

4 市民の求める村をつくる

侯爵の先見の明は、預言者のように、未来の市民が望むものを見出した点にあったと思う。美しい村で美味しさを楽しみ、ゆったりと過ごす。それは、まず侯爵自身が望むものでもあっただろう。同時に、都会で上辺だけの豊かさ、便利さに満足していた当時の一般の人々が、やがて美しい村を欲するようになると想像ができたのだろう。実際、イタリア人の美酒美食やバカンスへのこだわりは半端ではない。暮らしの質への要求は着実に高まってきた。

飢えの記憶が残る貧困生活から抜け出たばかりの人は貪欲になる。貧しさに苦しんだ反動で守銭奴的行動に走る人も多い。しかし、人間の要求には際限がない。充足してもその先に、より快適で美味しいものを求める。お金では購えない豊かさを欲するようになる。だから人間、いつまでも貪欲な守銭奴ではいられない。豊かになったイタリア国民の要求は、こうして美しい村をつくるエネルギーになった。

美しさや美味しさへの貪欲さでは、日本人もイタリア人に劣らない。多くのイタリア人も、この点に日本人との共通点を見出している。もちろん、儒教や禅宗の影響で質素倹約、贅沢を嫌う人も少なからずいる。でも現在の大きな流れは、華美や虚飾を排した美酒美食、質の高い本物の食のある暮らしを求めるように進んでいると思う。

日本でも、今やより美しく暮らす、よりよく働くことを求める人々が、古い成長モデルを信奉する人々を駆逐しつつある。農業と農村に関わる部分でも、安全な食への関心、美味しい食への貪欲さが変化を進める力になってきた。実際、失われた20年間には、国民の生活を豊かにする分野が伸びた。今後は、環境保護、景観保護、文化芸術、介護、育児など生活の質を改善するための公共投資が増えるだろう。

そこで、どうすれば生活の質が高まるかを農村住民と共に考える必要がある。当面は、鳥獣害対策、生活道路の確保が求められる。しかし、将来の村のあり方を考えれば、減少するだけの村人だけで考えてもだめで、人口の86％以上を占める都市生活者が求める村をつくろうという発想に至るだろう。そのために、都市と農村の交流も各地で盛んになっている。ただ今はまだ、都市民に農村を見せよう、農業を理解してもらおうという段階である。そうしないと対話が始まらないし、交流も生れない。しかし、やがて農村住民が都市民を理解する段階になる。

一方、この日本でも農村の女性が元気になってきた。都会の女性の元気さは言うまでもない。元気余って都会から農村に進出する農女も登場した。ちょっと外れた感じもあるが、このくらいが丁度いいかもしれない。実際、都市と農村の意識はかなり離れている。ようやく女性農業委員が増えてきたという農村の女性化のレベルではなく、現在の日本の都市社会では熱心によりよい生き方を模索する女性が増え、その模索の中に、食とか農という選択、都市にではなく農村に住むという選択が広がっているのである。つまり、農村が女性を必要としている以上に、現代の日本の女性の一部が農村を必要としていると思う。他の分野で起こったように、女性たちが新しく多様なライフスタイルを見出し、社会をその方向に導いているのである。

イタリアのアグリツーリズモには日本人観光客が増えていると述べた。もちろん圧倒的に女性が多い。そもそも、現在日本で観光に出るのは女性が65％、イタリアへいく日本人観光客も大半が女性、そして美酒美食を求めてアグリツーリズモまで足を伸ばすのは、イタリアを熟知した女性客なのである。世界の優れた観光地を知った彼女たちが、少なからぬ影響力で日本の観光地を変えたように、やがては農村も変えると思う。こうして日本は変わっていくのだろう。かくいう私も妻にいわれたから実家で蜜柑をつくっている。

もちろん女性だけではない。農の喜びを感じ始めた市民は多い。日本人はもはや飢えていない。ホンモノの美味しさと村の美しさを求める人々が増えている。時間はかかるかもしれないが、大きな変化が始まりつつある。

２０１２年5月、三ケ日にて

註

◇第1章

1 アグリツーリスト（Agriturist）初代会長元サン・クレメンテ侯爵シモーネ・ヴェッルーティ・ザーティ氏（Simone Velluti Zati di San Clemente）は、イタリア農業連盟（Confagricoltura、通称Confa）会員でもあった。

2 G. Ceccaci, V. M. Suzanna *"Agriturismo-Aspetti giuridici, tributari, amministrativi e gestionali-Turismo rurale ed all'aperto"*. Edizioni FAG, 1996, Milano. アグリツーリズモ法については第4章、註3でも施設の基準について述べる。

3 アグリスーリスト協会資料および、09年ＩＳＴＡＴ（イタリア政府統計局）による。

4 シモーネ・ヴェッルーティ・ザーティ「アペニン山脈の農村観光の可能性」、同「中山間地域の開発の中の農家建築の保護」の2論文は、72年と75年にマッシモ・バルトレッリ、フランチェスコ・リッチによって出版された。この中で、チロル地方とトスカーナ地方などアペニン山系の環境・農業・景観の違いに触れ、また農家のアグリツーリズモへの活用を論じている。

5 ＥＵの共通農業政策は、イタリア語ではPolitica Agraria Comunitariaと表記され、この頭文字からＰＡＣとされる。日本では英語でＣＡＰ（Common Agricultural Policy）との表記が一般的であり本書ではＣＡＰとした。第5章で詳述する。

6 フランス田園空間観光協会（TER, Tourisme en Espace Rural）は67年設立の全国組織で、フランスの農村観光、グリーン・ツーリズムの推進機関である。フランスの田園観光、田園博物館（エコミュゼ）などに関する研究書は多い。

7 アルプス東部、オーストリアとイタリアに跨るチロル地方は、北チロルと東チロルがオーストリア・チロル州、南チロルと外チロルが１９１８年からイタリア領となった。南チロルがボルザーノ自治県、外チロルはトレンティーノと呼ばれるトレント自治県。2県がトレンティーノ・アルト・アディジェ（アディジェ川上流トレント周辺の意）特別自治州としてイタリアの20州の一つである。住民はドイツ系が多く、小学校からドイツ語で教育される。１８６１年のイタリア王国統一後もオーストリア領に残り、第1次世界大戦でイタリアに割譲された。ムッソリーニ政権下では強硬なイタリア化政策が推進され、その反動で第2次世界大戦後は大部分のドイツ語系住民がオーストリアへの復帰を望んだ。当時の外交事情で、敗戦国ドイツ・オーストリアの領土とはされず、50年代に国境を跨るチロルの再統一、分離独立を求める運動が過激なテロを起こした。60年の国連総会決議で、伊墺両国の合意の下、州の大幅な自治権が認められ、ドイツ語が公用語とされた。トレント自治県は、壮大なアルプス山々と清流が流れる渓谷との間に広大な牧草地が広がるダイナミックな景観で知られ、夏の山歩き、冬のスキーリゾートとして栄え、比較的大規模な民家を改装した民宿が多い。牧歌的な家々の窓に飾られた色とりどりの花々、花畑や森、湖、雪渓が楽しめる絵画的な山村はイタリアで最初の農村観光地となった。

8 ここでは「Agriturist Qualità」を「アグリツーリストの品質」と訳したが、本文中の図1・4に示したようなマークで識別される品質保証である。イタリア信用保証協会（Sincert）が認証する品質は他にもある。

9 本名Gordon Matthew Thomas Sumner（51年英国ニューカッスル・アポン・タイン生れ）、77年「ポリス」を結成（84年活動休止）、ベーシスト兼ボーカルとして活躍。その後ソロで活動、また再びポリスのメンバーとしてワールドツアーも実施。94年に「宮崎シーガイア」のCMに出演し、キャンペーンソング『Take me to the sunshine』を提供、こけら落しライブを行った。そのシーガイアが日南海岸の美しい自然を破壊したと怒り、CMを降板した件でも有名になった。

10　二代目会長リッカルド・リッチ・クルバストロは、Riccardo Ricci Curbastro、また現在の三代目ヴィットリア・ブランカッチョは、Vittoria Brancaccio のカタカナ表記。

11　萩原愛一「イタリアのアグリツーリズム法」『外国の立法237（08・9）』（国立国会図書館海外立法情報調査室、08年）に詳しい。この論文には06年第96号法の訳文が掲載されている。

12　前述のイタリア農業連盟は Confagricoltura（通称 Confa）、耕作者連盟は Confederazione Nazionale Coltivatori Diretti（通称 Coldiretti）、小作農民連合は Alleanza Contadini、農民連盟は Confederazione Italiana Agricoltori（通称ＣＩＡ）という。

13　テッラノストラ（Terranostra）は、「我らの大地」を意味し、ツーリズム・ヴェルデ（Turismoverde）は、「緑の観光」を意味する。アナグリツール（Anagritur）は、農村観光連盟ほどの意味だろう。

14　青木辰司、小山善彦、バーナード・レイン『持続可能なグリーン・ツーリズム─英国に学ぶ実践的農村再生』丸善株式会社、２００６年

15　VisitScotland は、エジンバラに本部を置くスコットランド政府観光局。職員百人規模の比較的大きな組織で、ロンドンとスコットランド内に14の支部を持つ。民間・公営企業と自治体と密接な関係で観光振興を進める。スコットランドの観光資源を多様化し、海外に売込み、顧客の求めに応じて観光事業者のサービスの質の向上に努めている。特に、環境政策、グリーン・ツーリズムに熱心に取組んでいる。環境面では観光事業者に、自然エネルギー利用、水の節約、廃棄物削減・リサイクル、交通管理、グリーン購入を求め、地域の生物多様性にも関心を持つ。英国のグリーン・ツーリズムとは、Ｂ＆Ｂなどに泊まり、自然体験、自然環境保護活動に加わるもので、必ずしも農業とは関係がない。また、事業費の大部分をＥＵから得ている。

◇第２章

1　カルロ・ペトリーニ著、石田雅芳訳『スローフードの奇跡─おいしい、きれい、ただしい』三修社、09年

2　島村菜津『スローフードな人生』（新潮社、00年）、が日本にスローフードを初めて紹介し、よく知られるようになった。04年10月にはＮＰＯ法人「スローフードジャパン」が設立され、各地で活動が続いている。法人の本部がある愛知県では特に活動が活発のように見える。

3　Jean Anthelme Brillat-Savarin（１７５５～１８２６年）、フランス革命時代の裁判官、政治家。『美味礼讃』（関根秀雄・戸部松美訳、岩波文庫、05年）の著者であり、美食家。サヴァランというケーキの名の由来でもある。

4　ホメオパシー（Homeopathy）は同毒療法とも呼ばれ、ある症状を起こす物質をごく少量与えることで免疫を引出し、自然治癒力で病気を治す療法。医学的には証明されていないため、日本や米国では否定的に見られているが、英国やドイツなどＥＵには盛んな国もある。畜産での有機の定義には様々な議論があるが、一般に抗生物質などを患畜に投与すること避けられる。そのため、ホメオパシー獣医が登場することになる。

5　有機農業全国情報システムは、Sistema d'Informazione Nazionale sull'Agricoltura Biologica（SINAB）といい、現在のイタリア農林省（農業・食料・森林政策省）が州政府と共同で設置した公的機

関で、有機農業の発展と評価に関する情報提供に努めている。

6 スペルト小麦（学名 Triticum spelta、イタリア語 farro）は小麦の原種、古代エジプトからヨーロッパ全体に広がった。ポンペイ遺跡の家計簿にも記述がある。一般の小麦に比べ良い風味を持つが、収穫率が低く、皮が硬く脱皮しにくく、製粉の歩留まりが悪いため、20世紀以降は作付面積が激減した。しかし、原種のため無農薬で栽培でき、本章註8で述べるアルチェ・ネロなどが熱心に栽培し続けた。また、小麦アレルギーの発症が抑えられるため、近年では愛好者が増加、ＥＵ諸国では普通のパン屋でもこのパンが販売され、日本国内でもインターネット販売を中心に普及している。

7 食物アレルギー診療の手引き検討委員会編『食物アレルギー診療の手引き２００８』リウマチ・アレルギー情報センター、08年

8 アルチェ・ネロ（Alce Nero）はマルケ州イーゾラ・デル・ピーノ（Isola del Pino）の農業協同組合で70年代初めから有機農業に取組んだ。化学肥料に頼らず、人と自然の力で作物を育てる先駆的な組織。様々な種類の小麦で作ったパスタから始め、オリーブ油など多様な食材を世界中で販売するヨーロッパ屈指のブランド。イタリアでは、有機農産物の3割以上が輸出され、アルチェ・ネロの農産物は日本でもインターネット販売されている。穀類と野菜の種類が多い。

9 ジーノ・ジロロモーニ（Gino Girolomoni）著、目時能理子訳『イタリア有機農業の魂は叫ぶ―有機農業協同組合アルチェ・ネロからのメッセージ』家の光協会、05年

10 蔦谷栄一「イタリアの有機農業、そして地域社会農業―ローカルからのグローバル化への対抗」『農林金融』農林中金総合研究所、04年

11 福岡正信（１９１３〜２００８年）は自然農法の創始者、イタリアでは福岡を道教家と理解する人もおり、東洋の農法だと言われている。福岡の自然農法は不耕起、無肥料、無農薬、無除草で、ＥＵ諸国に限らず、アジアやアフリカ諸国に広く普及、実践されている。イタリアでは、トスカーナ州のシエナ豚飼育が実践例として有名。福岡は砂漠緑化にも熱心で、ギリシャ、インド、中国の他、アフリカ十数カ国で活動、成果を上げた。

12 マクロビオティック（Macrobiotic）は長寿を目指す食生活法・食事療法で、やはり日本生まれである。28年に食文化研究家の桜沢如一が提唱し、その後、禅とともに欧米に普及活動を展開した。内容は、玄米菜食、自然食を中心した食生活を進める。戦後は世界中のヒッピーに支持され、新しい宗教運動と捉えられることもある。

13 欧州共同体「地理表示及び原産地呼称に関する理事会規則：農産物および食品に係る地理表示及び原産地呼称の保護に関する１９９２年７月14日の理事会規則２０８１／92号」では、地理表示を知的所有権の一つとして定義した。日本では05年の商標法改正で「地域団体商標制度」が導入されたが、原産地ではなく、産地の生産団体を登録の単位としている。

14 ＰＤＯ（Protected Designation of Origin、保護原産地呼称）は、ある地方の特定の場所を原産地とし、品質または特徴が自然的、人的要因を備えた特定の地理的環境に基本的、または排他的に起因する農産物の質を保証し、かつ生産、加工およびブレンドがその地域で行われるものを指す。一方、ＰＧＩ（Protected Geographical Indication、保護地理表示）は、ある地方、特定の場所を原産地とし、その原産地に起因する固有の品質、評判などの特徴があり、かつ生産、加工およびブレンドがその地域で行われるものを指す。

15 European Committee for Agriculture *"Valuation of CAP policy on pro-*

tected designation of origin and protected geographical indication", 2008

16 Luciano Buzzetti, Armando Montanari "*Nuovi Scenari Turistici - Abruzzo e Trentino:sviluppo locale e competitività del territorio*", Valentina Trentini Editore, 2006

17 Enogastronomiaとは、イタリア語（ギリシャ語）でワインを表す接頭語enoと、料理の技や芸術性を意味するgastronomiaを組み合わせた造語で、美酒美食を意味する。また、その土地の優れたワインと料理を観光資源として振興する観光形態をエノガストロノミー観光と言う。

18 まず、イタリアの国内法ではDOP (Dominazione d'Origine Protetta　原産地保護）法があり、EUでは、IGP (Indicazione Geografica Protetta, EU510/2006　産地呼称表示）基準がある。日本でも、山本博、蛯原健介、高橋梯二『世界のワイン法』日本評論社、2009年などが紹介している。

◇第3章

1 EUでは、イタリアの他、オーストリア、ベルギー、デンマーク、ノルウェー、スウェーデン、フィンランド、フランス、ドイツ、オランダ、スイス、ポーランド、ハンガリー、英国、スペイン、ポルトガルが加盟している。EU以外では、米国、中国、韓国、オーストラリア、ニュージーランド、カナダ、南アフリカがある。

2 スローシティは、松永安光・徳田光弘『地域づくりの新潮流、スローシティ／アグリツーリズモ／ネットワーク』（彰国社、07年）、久繁哲之介『日本版スローシティ─地域固有の文化・風土を活かすまちづくり』（学陽書房、08年）、陣内秀信『イタリアの街角から─スローシティを歩く』（弦書房、10年）、島村菜津『スローな未来へ─「小さな町づくり」が暮らしを変える』（小学館、09年）などでも紹介された。

3 92年リオ・デ・ジャネイロ市で開催された地球サミット（環境と開発に関する国連会議）で採択された決議で、21世紀に持続可能な発展を実現するために各国および国際機関が実行する行動計画。4セクション、40章で構成され、人材、物的資源、財政について詳細に規定されている。法的拘束力はないが、地球全体で取組む行動計画として浸透している。国内の自治体単位の取組に「ローカルアジェンダ21」も策定、現在も活発に推進されている。

4 統計上の15の大都市とは09年の人口順に、ローマ（274万人）、ミラノ（131万人）、ナポリ（96万人）、トリノ（91万人）、パレルモ（66万人）、ジェノバ（61万人）、ボローニャ（38万人）、フィレンツェ（37万人）、バーリ（32万人）、カターニャ（30万人）、ヴェネツィア（27万人）、ヴェローナ（26万人）、メッシーナ（24万人）、トリエステ（21万人）、カリアリ（16万人）となる。メッシーナ以下は25万人に満たない。

5 宗田好史『にぎわいを呼ぶイタリアのまちづくり─歴史的景観の再生と商業政策』学芸出版社、00年

◇第4章

1 05年に北海道美瑛町に全国7町村が集まり設立された連合。設立を呼び掛けた北海道の美瑛町長が会長を務める。「フランスの最も美しい村協会」を参考に立ちあげた。過疎の町村が「日本で最も美しい村」を宣言することで地域の誇りと美しい地域づくりを住民参加のまちづくり活動で進め、活性化で自立の推進を目的とした。暮らしの中で営まれた景観・環境を守り、この活用で観光を通じた付加価値化を図る。現在39町村（自治体）が加盟している。11年にも5カ所の加盟審査が行われた。10年イタリアで開催された「世界で最も美しい村」協会フェスティバルに参加し、「世

界で最も美しい村」連合会に加盟した。

2 フランスでは小さなコミューンを合併し、数を減らす選択を避けた。その代わりコミューンの行財政権限と業務内容を簡素化した。どの村にも村長と少数の議員はいるが、職員がいない村が多い。平成の大合併で11年3月末には1千727にまで市町村を減らした日本と対照的である

3 フランスの最も美しい村（Les plus beaux villages de France）協会は82年に設立され、小さな村の観光推進を目的に、最も美しい村のブランドを維持するための厳しい選考基準がある。主な基準は人口2千人未満である点に加え、最低2つの文化遺産がある、土地利用計画で保護規制がある、村議会の同意がある。基準を満たして認定された後にも定期的に審査が行われる。10年現在、151の町村と数千の会員がいる。同様の組織が、ベルギー南部のワロン州（地域）、イタリア、カナダ・ケベック州に設立さている。

4 イタリアの美しい村連合（I borghi più belli d'Italia）は、01年にイタリアコムーネ（市町村）協会（ANCI, Associazione Nazionale dei Comuni Italiani）の観光部会の提案で設立され、主要観光地・ルートから外れてはいるが、固有の文化・芸術資源を持つ過疎の村々を埋没させないための活動を中心に据えた。そのため、連合の名前には「隠れたイタリアの魅力（Il fascino dell'Italia nascosta）」との副題が付けられている。初めは百カ所だったものが、10年には発祥の地フランスを凌いで200を超えた。町並み保存、村の活力を高める、歴史的建造物の保存再生、市民サービスの充実に努め、小さな村ではできない全国プロモーションなどを連合が担っている。連合は村々が、その地の文化遺産を活用した祭典、展覧会、見本市、会議やコンサートを開催する際の支援もしている。毎年ガイドブックを発行し、観光振興に努めるとともに、伝統文化の保存、食文化の振興にも努めている。

5 拙稿「イタリア・ガラッソ法と景観計画」『公害研究』（第18巻1号、岩波書店、88年）にはガラッソ法の全文の拙訳を掲載。

6 Legge 28 febbraio 1985, n. 47 "*Norme in materia di controllo dell'attività urbanistico-edilizia, sanzioni, recupero e sanatoria delle opere edilizie*".

7 77年法律10号「土地の建築可能性に関する規定（土地利用と建築規制を定める法律）」、通称「ブカロッシ法」という、67年法律７６５号で暫定的に定めた42年法律１１５０号「都市計画法」を改編統合する法律を固定化し、土地所有権を大幅に制限した法律。同時に、建築許可を申請する建築主に都市整備の負担を求め（同法第1条）、自治体の都市計画財源となる建築負担金を建築主に課すことを定めた（同法第12条）。詳しくは宗田好史『にぎわいを呼ぶイタリアのまちづくり』（学芸出版社、00年）を参照。

8 G. Ceccacci, V. M. Suzanna "*Agriturismo-Aspetti giuridici, tributari, amministrativi e gestionali-Turismo rurale ed all'aperto*", Edizioni FAG Milano, 1996

9 南部プーリア州、人口3万2千人のオストゥーニ市の歴史的都心部では、地元の不動産業も手がける石工が空家となった小住宅を再生し貸別荘に転用していた。その様子は、陣内秀信・宗田好史・土谷貞雄著、畑亮夫写真『南イタリアの集落―生き続ける石の住まい』（学芸出版社、89年）に詳しい。地方の小さなコムーネで民間業者が手掛ける小住宅への規制は、当時からかなり緩いものだったが、オストゥーニの場合は規制ではなく、その石工の意向で上手に再生していた。

10 Simone Velluti Zati 'Edifici rurali: una risorsa culturale, ambientale ed economica da salvaguardare e valorizzare', Armando Montanari ed, "*Il turismo nelle regioni rurali delle CEE: la tutela del patrimonio naturale e culturale*", Edizioni Scientifiche Italiane, 1992, Napoli. 第

11 1章で紹介したアグリツーリスト（協会）初代会長シモーネ氏の論文で、このトスカーナ州の施設の概要と積算書が紹介された。ピエーロ・カンポレージ著、中村悦子訳『風景の誕生—イタリアの美しき里』筑摩書房、97年。*"Le belle contrade, Nascita' del paesaggio italiano"*（Gazanti Editore, 1992）の優れた翻訳。「土地の姿（paese）から風景（paesaggio）へ」と副題が付き、「風景が発見される以前の14～16世紀、人々は野生の自然にまったく無関心であったばかりか、拒否感すら抱いていた。彼らが美しいとしたのは、人の営みの形跡が見られる土地、すなわち、鉱物や作物を産出する力を見せつける大地であった。本書は風景誕生までの、大地と人々の豊かで緊張感に満ちた関係を見事に再現する。

12 文化財保護法（第１１２０号）と自然美保護法（第１４９７号）は、対象物が狭く限られた文化財と、広大な不動産物件を含む自然美とをそれぞれ別に定めた。その理由は行政法上の取扱いを分けるためだった。自然美法の対象は、①自然の美しさ、または地質学的に特異な特徴を備えた景観（天然景観）、②文化財保護法に定められた別荘、庭園、公園等文化財と一体の美しさを形成する景観（文化財庭園）、③美的に伝統的に優れた特徴を有する景観（伝統的景観）、④絵画的な価値を持つパノラマ、眺望（パノラマ景観）の4点とされた。自然美保護法の対象領域は、同時期の欧米諸国の法制度と比べても広い。50年に定められた日本の文化財保護法の名勝、04年の同法改正で登場した文化的景観と比べても、景観と定義づけた対象は広い。

13 この１９３９年という年の9月には、ドイツ軍がポーランドに侵攻して第二次世界大戦が始まった。イタリアは、かなり遅れて翌40年6月に枢軸国側に立って参戦した。

14 拙著『にぎわいを呼ぶイタリアのまちづくり—歴史的景観の再生と商業政策』学芸出版社、00年

15 規制の対象は、39年法律第１４９７号「自然美保護法」の定める地区で、本文に上げた、(a)海岸線、水際線、(b)湖沼岸の水際線、(c)河川、水流の両岸の水際線から一定の距離にある地区、(d)アルプス山脈系及びアペニン山脈系、島嶼山岳部における一定海抜以上の地区の他に、(e)氷河とカール、(f)国立公園、州立公園、及び自然保護特定地域に指定された地区、国立公園、州立公園に外接する環境保護指定地域に含まれる地区、(g)森林に覆われた地区、森林火災にあった地区、伐採、植林が行われている地区を含む、(h)農業大学の実習地及び公共団体によって所有される農地、(i)湿地地区（鳥類魚類の保護生息地）、(l)火山、(m)考古学地区の合計11種類の地区である。

16 ケントゥリアーツィオ（Centriazio）といい、古代ローマ時代の地籍を意味する。古代ローマの兵制で「百人隊」という兵団単位があり、征服した土地を植民地化する最初の段階で、土地を測量し、農地として駐屯する兵員に耕作させるため、区画として割り当てたもの。その区画は、その後の道路や水路のシステムとして現在までイタリア各地に残っている。農地や町並みや並木など長年に渡って形成された景観の根拠でもあり、百人隊当時の地籍が残っているかなり広い土地に規制をかけた。

17 宮脇勝「イタリア、ガラッソ法の風景計画と歴史都心の計画」、西村幸夫＋町並み研究会編著『都市の風景計画』学芸出版社、01年

18 80年代には、ギリシャ（81年）、スペイン・ポルトガル（87年）の３カ国がＥＣに加盟したため、自由化でフランスやイタリアに３カ国の安い農産物、オリーブ油やワインなどが大量に入ることが懸念された。その対抗措置として「地中海統合プログラム」(Integrated Mediterranean Programs) を策定した。ＣＡＰは80年代に、農業構造改善から農村振興政策に補助対象を広げた。

19 モンテ・デイ・パスキ・ディ・シエナ銀行（Banca Monte dei

Paschi di Siena）は、15世紀にフランシスコ派の修道会が、シエナ共和国（当時）で戦災を受けた人々や困窮者への慈善活動のために設立した組織で、信託銀行として世界最古の一つに数えられる。シエナでは共和国時代から地域最大の金融機関である。その後トスカーナ公国時代の17世紀に銀行業を本格化し、イタリア統一後も代表的な銀行として発展した。95年に改めて同名の財団を設立し、00年に民間公益財団として国の認定を受けた。財団の倫理規定に地域経済の質的向上を通じて社会開発を進める点が強調され、様々な事業の中でもオルチャ渓谷の事業への資金提供は、財団もその初期の活動の重要な成果に挙げている。また、オルチャ渓谷への支援でも歴史、文化に関するものが多い傾向が見られる。しかし、ヨーロッパ経済危機で12年6月にイタリア政府が20億ユーロの公的資金を投入したことで話題になった。

20 山岳自治体共同体（Comunità Montanea）は、その名の通り中山間地域の小さな自治体の連合、58年に設立され、02年に廃止された。

◇第５章

1 ＩＳＴＡＴ（イタリア政府統計局）『第6回農業センサス速報値』（11年7月）による。イタリアでは10年ごとに農業センサスが実施される。本書で引用したＩＳＴＡＴ統計の大部分は、すでに公開されている08年までの確定値と09年概算値を用いている。11年7月にこの速報値が出たため、この部分でのみ使用した。

2 堺憲一「近代におけるイタリア南部ラティフンディウム制度の構造」『社会経済史学』社会経済史学会第42巻5号、77年、および堺憲一『近代イタリア農業の史的展開』名古屋大学出版会、88年

3 シモーナ・コラリーツィ著、村上信一郎監訳、橋本勝雄訳『イタリア20世紀史―熱狂と恐怖と希望の100年』名古屋大学出版会、10年

4 マリオ・バンディーニ著、富山和夫訳『イタリア農業百年史』㈶農林水産業生産性向上会議、59年

5 ニコラス・ファレル著、柴野均訳『ムッソリーニ』上・下、白水社、11年

6 クラウディオ・ファーヴァ著、中村浩子訳『イタリア南部傷ついた風土』（原題はL'Italia dimenticata dagli italiani　イタリア人から忘れられたイタリア）現代書館、97年

7 グイド・ファビアーニ著、富山和夫・堺憲一監訳『戦後イタリア農業の発展と危機』大明堂、85年

8 欧州経済共同体（ＥＥＣ）は、71年にデンマーク、英国、アイルランドが加盟した後も拡大を続け、現在は欧州連合（ＥＵ）として07年には27カ国に達した。

9 Sicco Leendert Mansholt（１９０８～95年）は、オランダのフローニンゲン州の農家の生れで、社会民主労働党、後の労働党の政治家、45年36歳でオランダ農業大臣に就任、58年創設の欧州委員会で副委員長、農業担当委員となり、ヨーロッパ農業の近代化を推し進めた。60年に欧州委員会が欧州理事会に提出した農業改革案はマンスホルト・プランと呼ばれた。これは、小規模農家を農地から切り離すもので、全面的には実施されずに終わった。72年から1年ほど欧州委員会委員長も務めた。晩年は環境問題に高い関心を示し、ドイツ人の緑の党の政治家と親しかったことでも知られる。

10 ＣＡＰ政策で価格調整が行われる農作物には、小麦や米などの穀物の他、ワイン、ミルク・乳製品、牛肉等の肉類、鶏卵、オリーブ・オイル等植物油、果実、野菜、蜂蜜、砂糖、花き、マメ類、木綿、甘ルピナス、亜麻種子、カイコ、亜麻仁繊維、アサ、タバコ、ホップ、種子、生鮮植物、家畜飼料、乾燥飼料がある。

11 ローズマリー・フェネル著、荏開津典生監訳『ＥＵの農業政策の

歴史と展望―ヨーロッパ統合の礎石』農文協、99年

12 ギリシャは81年に、スペイン・ポルトガルは87年に加盟した。73年にデンマークが加盟した時、乳製品の過剰で価格が暴落したように、それまでEC内で流通していなかった三カ国のオリーブ油の過剰な供給が懸念された。そのため「地中海統合プログラム」(Integrated Mediterranean Programs)が策定され、支援措置をとった(第4章註18参照)。

13 豊嘉哲「共通農業政策と地域政策」高屋定美編著『EU経済』ミネルヴァ書房、10年

14 是永東彦・津谷好人・福士正博『ECの農政改革に学ぶ―苦悩する先進国農政』農文協、94年

15 脇に置くという意味でセットアサイド(set aside)と呼ばれ、88年から実施された。92年の改革で2種類のセットアサイドが設けられた。まず、休耕地を6年でローテーションするものと、休耕地を固定し補償率を上乗せする方法である。どちらも粗放化であるが、休耕・植林・非農業目的への転換だけではない。同じ農地で他の作物を生産せず、ある作物の生産を最低5年継続して20%引き下げれば粗放化とみなされる。有機農業など集約性の低い方法を政策的に支援でき、財政を圧迫する過剰生産補償を抑え、自然環境と農地の回復を図ろうとするものである。

16 02年の欧州理事会はCAP予算をEU総歳出の04年の44%水準を13年には35%に抑制することを決めた。そのため、07～13年中期予算(financial perspectives)の農村振興政策費は、当初予算額887億ユーロから21%も削減された698億ユーロであった。加盟各国の国内財政が厳しく、EU拡大で膨らんだ歳出を抑制したい意向が強く働いたためである。さらに、698億ユーロの内、少なくとも330億ユーロは新規加盟10カ国など中東欧諸国に向けられた。

◇第6章

1 36年当時の深刻な不況の中で、雇用確保のため労働者は賃金カットを受入れ、代わりに週40時間労働と2週間の有給休暇を義務づける「マティニオン協定」を締結。フランスの第3共和制末期には、イタリアでファシスト、ドイツでナチスが政権をえたのに対抗して、アムステルダム・プレイエル運動といわれる反戦・反ファシズムの動きが拡大し、長年対立していた社会党と共産党が結集、それぞれ両党による労働総同盟、統一労働総同盟が、ゼネストなど共同行動を起こした。これに急進社会党が加わり、統一的人民戦線となった。36年4月の議会選挙で圧勝し、社会党レオン・ブルム(Léon Blum, 1872～1950)を首班とする人民戦線政府が成立した。他にも労働組合の地位向上・教育改革など重要な労働・社会立法を行った。

2 ファシズムは極右の政治思想だが、国家社会主義の名の通り、左翼の影響が大きい。ソビエト連邦とよく似ており、コーポラティズム(協同化)を重視した。国力増強のために、国民の労働力を大動員する体制の中には、労働生産性向上の取組みが多い。その翼賛団体がOpera Nazionale Dopolavoro(労働後の国民組織)でスポーツなど娯楽、レクリエーションの大規模な振興を進めた。

3 日本でリゾート開発を手がけたのは、戦前からの東急、西武、戦後のヤマハなど大手資本が中心だった。バブル期の87年に「総合保養地域整備法(リゾート法)」が制定され、リゾート産業の振興と国民経済の均衡的発展を促進するため、多様な余暇活動が楽しめる場を、民間事業者の活用に重点をおいて総合的に整備することとした。全国都道府県がこの法によるリゾート地の承認を競ったが、ホテルを中心に、ゴルフ、スキー、マリーナ、スパなど数々の娯楽施設を備えた、資本集約型の大規模総合娯楽施設整備の誘致であった。当初は地域振興策の切札と期待されたが、バブル崩

壊で多くの計画が破綻し、環境破壊の面からも批判を集めた。地域開発といってもリゾート法は、かつての工業振興と違い、まず公共投資で基盤整備を進めた後に企業を誘致するのではなく、自治体を中心とする地元主体が、リゾート開発事業者を見つけ、その後に官・民パートナーシップで基盤整備を行う考え方だった。そのため企業が撤退し開発が止った。さらに、年金保養施設など公共事業体の失敗と膨大な負債の累積で、日本でのリゾート開発は終焉したと考えられている。いろいろ批判があるが、開発構想が画一的過ぎたという意見が多い。今後、有給休暇が急増することも、所得水準が劇的に向上することも考えられない以上、国内観光市場を当てにリゾート開発を進めることは難しい。多少の新規アイデアでは起死回生にならない。

4 拙著『創造都市のための観光振興―小さなビジネスを育てるまちづくり』学芸出版社、09年、第1章参照

5 前掲『創造都市のための観光振興―小さなビジネスを育てるまちづくり』学芸出版社、09年、第8章参照

6 19世紀後半に各国の旅行社は、楽しみと教養を売りものにした。グループや個人旅行が中心で、人文主義教育の延長として、イタリア、ギリシャ、エジプトの遺跡、博物館へ文化的巡礼に出かけた。イギリスでは女性旅行者も多かった。教養旅行はガイドブックを手に、またガイド付きで行われ、教養形成の一過程と考えられた。ヨーロッパ諸国の戦後の観光政策もあり、米国や日本など経済成長期の市民の上昇志向に即して戦後広く普及、大衆化した。しかし、それも終わり、皆が競って美術館を回る時代ではない。89年のベルリンの壁崩壊後に急増した東欧からの観光客も当初は、この教養旅行、つまり美術館巡りに熱心だったが、20年後の今その熱狂も薄れつつある。最近新たに、手つかずの自然環境や農村など新しい観光地も生まれている。すでに十分大衆化した観光は、交通と通信の発達で、今や気楽に出かけられる週末の日常になりつつある。日本でも教養主義型ガイドブックが70年代までは全盛を誇った。それが、読者の投稿情報を多用した『地球の歩き方』や、女性雑誌の特集号が開いた「買物・レストランガイド」などに取って代わられた頃に、教養旅行の時代は終焉したと言われる。

7 Françoise Choay *"L'Allégorie du patrimoine"*. Seuil, Paris, 1992（La Couleur des idées　文化遺産の寓話シリーズ）

8 アルマンド・モンタナーリ「欧州における都市保全と生活の質のための都市観光」『環境と公害』40巻3号、岩波書店、11年。アルマンド・モンタナーリ「欧州連合におけるパートナーシップと環境」『環境と公害』30巻1号、岩波書店、00年。アルマンド・モンタナーリ「サステイナブル・シティの経験と挑戦」『環境と公害』33巻3号、岩波書店、04年

9 Armando Montanari ed. *"Il turismo nelle regioni rurali delle CEE: la tutela del patrimonio naturale e culturale"*. Edizioni Scientifiche Italiane, 1992, Napoli

10 国土交通省総合政策局観光経済課『旅行・観光産業の経済効果に関する調査研究―06年度旅行・観光消費動向調査結果と経済効果の推計』07年による。各国の資料の年次が異なり、スイス（04年）、オーストリア（05年）、スペイン（04年）、英国（00年）、ドイツ（00年）とされる。比較した日本の外国人観光消費額シェアは、4.8％（05年）、5.8％（06年）。

11 プブリウス・ヴェルギリウス・マロ（Publius Vergilius Maro 紀元前70～紀元前19年）、英語ではVirgil（バージル）は、『農耕詩（Agrinum）』、『アエネイス（Aeneis）』で、古代ローマラテン文学の大詩人とされる。現在のロンバルディア州マントバ市の近くのビルジーリオに生まれ、クレモナとミラノで学び、ローマでも修辞学・医学・天文学などを修め、その後エピクロス学派哲学を学

んだとされる。

12 ヴェルギリウスが、彼のパトロンであったガイウス・マエケナスの提言と皇帝アウグストゥスの望みで記した作品。農作業が魅力ある仕事であることを記した4巻の抒情詩。農民の生活と自然と農作の方法、葡萄栽培法、養蜂法、牧畜の方法が愛着を込めて描かれている。また『農耕詩』は、農業のいとしさとその農耕の理想と理念とを自然との共生として描き、農学における環境科学的理念を描いた文学史上最初の作品という見方もできる。河津千代訳『牧歌・農耕詩』未來社、81年

◇第７章

1 キリスト教民主党は、南部の保守的な農民がキリスト教。北部の産業資本家が民主という二つの勢力を母体とした。日本の自由民主党が長年、全国の農家と都市部の経済界という相異なる支持層を持ち、バランスよく政権を維持したのとよく似ている。55年体制と呼ばれた自民党と社会党の二極構造は、イタリアのキリスト教民主党と共産党の二極に似ている。55年体制が終結した今の日本では、自民党と民主党が二大政党となったが崩れそうな状況にある。イタリア同様、既存の政党が消滅し、新しい勢力が台頭しそうにも見える。

2 FAO 'Le donne, l'agricoltura e la sicurezza alimentare'（女性、農業と食の安全）, "*World Food Summit*", 2002 (WFS-FS-07-IT), FAO, Roma.

3 Barlett P. F., Lobao L., Meyer K. 'Diversity in Attitudes Toward Farming and Patterns of Work Among Farm Women: A Regional Comparison', "*Agriculture and Human Values*". No. 16 1999

4 European Commission Directorate-General for Agriculture "*Women Active in Rural Development - Assuring the future of Rural Europe*", 2000, Belgium

5 Erasmo Vassallo 'Presenza della Donna, Contesto Socio-Economico e Performance dell'Agricoltura in un Approccio Regionale'（女性の存在、地域間比較による社会経済と農業活動からの視点）, Dip. Contabilità Nazionale e Analisi dei Processi Sociali, Univ. degli Studi di Palermo, 2005. この研究は統計学的処理を通じて、女性経営者の農業法人（azienda rosa　バラ色農園）がそれ以外の農園より生産性が高く、優れた経営を行うことを示した。

6 農林水産省『農業センサス』08年。同『２０１０年世界農林センサス確報』では、主業農家、副業農家に分けており、販売農家の内主業農家はさらに減って35万９千700戸とされる。

謝辞

本書は、96年度文部省科学研究費「ＥＵ諸国における田園観光開発のための農村景観・施設計画手法の調査研究イタリア・ドイツ・フランスの事例比較研究」の成果をもとに、その後15年間の訪伊調査に加え、10年度総務省「地域雇用創造ＩＣＴ絆プロジェクト」に係る（特）狩野川倶楽部「狩野川流域絆プロジェクト」から支援を受けた。また、（独）東京文化財研究所文化遺産国際協力センターのセミナー等を通じたローマ大学建築学部パオラ・ファリーニ教授の国内でのたび重なる講演、（財）アジア太平洋観光交流センター主催、世界観光機関（ＵＮＷＴＯ）・観光庁共催「観光と環境に関する国際シンポジウム」（09年２月）でのローマ大学人文科学部アルマンド・モンタナーリ教授の講演の一部を活用した。また、イタリアで両氏からたびたび資料の提供を受けている。関係各位、皆さんにお礼を申し添える。

年表

	イタリア政治	ヨーロッパ農業政策	アグリツーリズモ	スローフード・スローシティ	景観保全
1950年代		**57 ローマ条約** 58 ストレーザ会議			
1960年代	〈左翼自治体増加〉 69 熱い秋	62 共通農業政策（CAP）開始 68 EECマンスホルトプラン	**65 アグリツーリスト協会発足**		
1970年代	78 歴史的妥協（キリスト教民主党モロと共産党ベルリングェル）		73 トレント自治県条例でアグリツーリズモの定義 75 最初のガイドブック刊行 79 アグリツーリズモ国際セミナー	77 アルチェ・ネーロ農業組合発足	
1980年代	83 クラクシ内閣〈5党連立時代〉	88 セットアサイド政策開始	85 最初のアグリツーリズモ法（730号法） 87 アグリツーリスト環境保護団体として認定	**86 ローマのマクドナルド反対デモ** 86 ARCIGOLA発足 89 スローフード協会設立	85 ガラッソ法（431号法） 88 オルチャ渓谷有限会社発足
1990年代	92 タンジェントーポリ（汚職都市） 93 クラクシ辞職、アマート内閣辞職、チャンピ内閣発足〈政界再編〉 94 ベルルスコーニ内閣	91 EU地域再生補助金拡大	98 品質保証・認証制度開始	95 ARCA（食の箱舟）開始 **99 スローシティ協会発足**	**97 オルチャ渓谷州立公園制定**
2000年代	01 第2次ベルルスコーニ内閣 08 第3次ベルルスコーニ内閣	03 デカップリング政策 08 セットアサイド政策再検討	06 改正アグリツーリズモ法（96号法）	01 イタリア美しい村連合 04 食科学大学	00 欧州景観条約 00 アッシジ世界遺産登録 04 オルチャ渓谷世界遺産登録

宗田好史（むねた・よしふみ）
1956年浜松市生まれ。法政大学工学部建築学科、同大学院を経て、イタリア・ピサ大学・ローマ大学大学院にて都市・地域計画学を専攻、歴史都市再生政策の研究で工学博士（京都大学）。国際連合地域開発センターを経て、1993年より京都府立大学准教授、2012年より同教授。国際記念物遺産会議（ICOMOS）国内委員会理事、京都府農業会議専門委員、京都市景観まちづくりセンター理事、(特)京町家再生研究会副理事長などを併任。東京文化財研究所客員研究員、国立民族学博物館共同研究員などを歴任。
主な著書：
『南イタリアの集落』（共著）、学芸出版社、1989年
『にぎわいを呼ぶイタリアのまちづくり』学芸出版社、2000年
『京都観光学のススメ』（共著）、人文書院、2005年
『中心市街地の創造力』学芸出版社、2007年
『町家再生の論理』学芸出版社、2009年
『創造都市のための観光振興』学芸出版社、2009年など

なぜイタリアの村は美しく元気なのか
～市民のスロー志向に応えた農村の選択～

2012年8月15日　初版第1刷発行

著　者………宗田好史
発行者………京極迪宏
発行所………株式会社学芸出版社
京都市下京区木津屋橋通西洞院東入
電話 075－343－0811　〒600－8216
装　丁………上野かおる
印　刷………イチダ写真製版
製　本………山崎紙工

ISBN 978－4－7615－2536－1